Beck-Wirtschaftsberater

Werbung mit kleinem Budget

W0039493

dtv

Beck-Wirtschaftsberater

Werbung mit kleinem Budget

Der Ratgeber für Existenzgründer und Unternehmen

Von Bernd Röthlingshöfer

2., überarbeitete Auflage

Deutscher Taschenbuch Verlag

Im Internet:

dtv.de

beck.de

Originalausgabe
Deutscher Taschenbuch Verlag GmbH & Co. KG,
Friedrichstraße 1 a, 80801 München
© 2008. Redaktionelle Verantwortung: Verlag C. H. Beck oHG
Druck und Bindung: Druckerei C. H. Beck, Nördlingen
(Adresse der Druckerei: Wilhelmstraße 9, 80801 München)
Satz: Fa. ottomedien, Darmstadt
Grafikbearbeitung: Hoffmanns Text Office, München
Umschlaggestaltung: Agentur 42 (Fuhr & Partner), Mainz,
ISBN 978-3-423-50876-6 (dtv)
ISBN 978-3-406-57960-8 (C. H. Beck)

Vorwort

Ja, dies ist ein Buch für die vielen kleinen und mittleren Unternehmen, die Existenzgründer, Jungunternehmer, Freiberufler oder schlichtweg für alle, die gute Werbung machen wollen, ohne dafür allzu viel Geld auszugeben.

Es ist ein Buch für diejenigen, die in Zeiten schrumpfender Erträge auch im Werbeetat Einsparungen suchen. Die ihre Werbestrategie auf Maßnahmen konzentrieren wollen, die weit mehr leisten als bisherige, aber nur ein Bruchteil der Kosten verursachen. Also ein Buch für alle, die mehr aus ihrem Etat machen wollen.

Und es ist ein Buch für diejenigen, die meinen, für Werbung überhaupt kein Geld zu haben. Sie werden entdecken, dass es neben der klassischen Werbung auch Methoden und Maßnahmen gibt, die keinen Etat erfordern, sondern vor allem Einsatz: an Zeit, Arbeitskraft und Ideen.

Obwohl es zahlreiche Beispiele enthält, gibt es keine Patentlösungen. Sie finden hier nicht die „Fix und fertig Anzeige", die Sie bloß kopieren brauchen, den Slogan, den Sie sofort verwenden können oder die absolute Werbegeschenkidee, die sonst keiner kennt. Brauchen Sie auch nicht, denn in der Werbung zählt allein die „maßgeschneiderte" Idee für Ihr Geschäft.

Dieses Buch bringt Sie auf Ideen. Es zeigt Ihnen, worauf es bei welchen Werbemitteln ankommt, wie man Werbemaßnahmen durchführt oder welche Tricks Profis bei der Erstellung von Ideen verwenden. Daneben Checklisten, Fallbeispiele und die besten Tipps für Start-ups und Low Budget Werbung.

Wo ein kleines Budget aufhört und ein großes anfängt, diese Frage wird in diesem Buch nicht beantwortet. Denn die Antwort könnte nur lauten: das ist relativ. Für den einen ist ein Budget von 1.000 Euro schon gewaltig, während ein anderer stolz darauf sein kann mit 100.000 Euro auszukommen und damit eine Menge Wirkung zu erzeugen.

Ein kleines Budget ist eine Haltungsfrage. Denn der Low Budget Werber ist ein anderer Typ als so mancher Vorfahr aus der Werbebranche. „Viel hilft viel – eine Botschaft muss nur oft genug wiederholt werden, dann wird sie schon kapiert." Oder: „Eigentlich ganz egal, was wir auf unsere Plakate schreiben, wir schalten sie ohnehin so oft, dass keiner daran vorbeikommt." Diese Zitate sind Ausprägungen eines Marketing-Dinosaurier-Typus, der schon vor einiger Zeit ausgestorben ist.

Einige Überbleibsel aus dieser steinzeitlichen Werbeära sind aber noch erstaunlich aktiv, sie finden sich in Bedenkenträgern, Geht-Nicht-Sagern oder dem Typus Unternehmer, der meint „kreativ können wir immer noch werden".

Wer mit kleinem Budget werben möchte, kann Wettbewerber, die ein Vielfaches ausgeben, leicht um ein Vielfaches übertreffen. Aber es erfordert ein bisschen Mut ausgetretene Pfade zu verlassen und Neuland zu betreten. Ungewöhnliche Ideen zuzulassen und zuzuhören. Immer wieder zuzuhören. Den Konsumenten, Käufern, Geschäftspartnern.

Wenn Sie es nicht bereits getan haben, ändern Sie Ihre Haltung. Fangen Sie heute damit an! Ein kleines Budget ist die ideale Voraussetzung für gute Werbung. Not macht erfinderisch – ein Spruch aus Omas Zitatenkiste. Aber er passt bestens zu Ihrer neuen Haltung als Low Budget Werber.

Denn erst wenn Sie realisieren, dass Sie das Geld für einen Messestand mit Edelholztafeln, professionellem Showprogramm und einer Multimedia-Tapete aus Flachbildschirmen nicht haben, werden Sie anfangen über Alternativen wirkungsvoller Präsentationen nachzudenken.

Wenn Sie feststellen, dass Sie auch nicht mit noch so gut gemachten Kleinanzeigen gegen die Beilagenflut eines Discounters ankommen, werden Sie sich hinsetzen und über neue Wege nachdenken, wie Sie Ihren Kunden erreichen können. Bezahlbarer. Erfolgreicher.

So gesehen sind Sie mit einem kleinen Budget im Vorteil gegenüber Ihrem größeren Wettbewerber. Denn je schneller Sie an Ihre vermeintlichen Grenzen stoßen, desto eher werden Sie das Neuland der Ideen entdecken.

Schlier, im Juli 2008 *Bernd Röthlingshöfer*

Haben Sie Fragen, Kritik oder Anregungen zum Buch? Dann nehmen Sie Kontakt zum Autor auf: brkn@gmx.de

Aktuelle Hinweise, Tipps und Ideen zum Thema „Werbung mit kleinem Budget" finden Sie auf der Website zum Buch:
http://berndroethlingshoefer.typepad.com

Inhaltsübersicht

Inhaltsverzeichnis

1. Klarheit von Anfang an: Mein Unternehmen, meine Produkte, meine Kunden

- Was unterscheidet mich von anderen?
- Warum meine Produkte besser sind
- Die Jagd nach dem Kundennutzen
- Zielgruppen sind auch nur Menschen
- Budgetplanung, so wird's gemacht
- Kein Budget ohne Werbeplan
- Ein paar Erfolgsformeln für gute Werbung

Was unterscheidet mich von anderen?

Die ersten Schritte zu Ihrer Werbestrategie beginnen in Ihrem Kopf. Und der allererste Schritt beginnt mit dem Nachdenken über Ihr Unternehmen. Nehmen Sie sich Zeit und überlegen Sie, was Ihr Unternehmen von anderen unterscheidet. Nüchtern betrachtet ist das gar nicht so leicht. Denn die wenigsten Geschäftsideen sind so einzigartig, dass es keine gleichen oder ähnlichen Angebote gibt. Tausende von Rechtsanwälten, Reinigungsfirmen, Handwerksbetrieben, Werbeagenturen, Fitness-Studios, landwirtschaftlichen Unternehmen bieten ihren Kunden die gleichen Leistungen an, oftmals sind Dienstleistungen und Produkte durch gesetzliche Vorschriften sogar normiert.

Um zu wissen, was Sie von anderen unterscheidet, müssen Sie den Vergleich suchen.

Am besten Sie tun das in einer Stärken-Schwächen-Analyse. Setzen Sie sich hin und suchen Sie den Vergleich mit Ihrem wichtigsten Konkurrenten. Überlegen Sie, in welchen Punkten Sie besser oder schlechter sind als Ihr Wettbewerber. Bitten Sie auch andere, diese Stärken-Schwächen-Analyse für Sie auszufüllen. Und so sieht eine selbst gemachte Analyse aus:

Mein Unternehmen im Vergleich zum wichtigsten Wettbewerber	1	2	3	4	5	6
Produkt-/Dienstleistung						
Herstellung						
Marktanteil						
Standort						
Serviceleistungen						
Kosten						
Management						
Personal						
Forschung/Entwicklung						
Vertriebskonzept						
Werbung						
Angaben von 1–6 in Schulnoten						

Abb. 1: Muster für eine Stärken-Schwächen-Analyse

Machen Sie den Wettbewerbsvergleich anhand der oben stehenden Matrix. Sind die Kriterien zutreffend? Wenn nicht, überlegen Sie selbst, welche Kriterien Sie zum Vergleich heranziehen wollen.

So wie in Abbildung 2 könnte das Ergebnis Ihres Vergleichs aussehen. Die schwarze Linie zeigt, wo Sie besser als ihr wichtigster Wettbewerber sind.

Haben Sie Ihre Stärken gefunden? Dann kommunizieren Sie diese. Bringen Sie die Unterscheidungsmerkmale, die Sie anders und einzigartig machen auf den Punkt. Hier sind ein paar Beispiele.

Der Standort
- direkt am See
- die Altstadtbäckerei
- der Schlosser im Zentrum
- das Autohaus an der Bundesstraße
- letzte Tankstelle vor der Autobahn

Der Service
- wir kommen ins Haus
- täglich frisch gebracht
- 24 Stunden Telefonservice
- abholen und wieder bringen
- wir helfen online

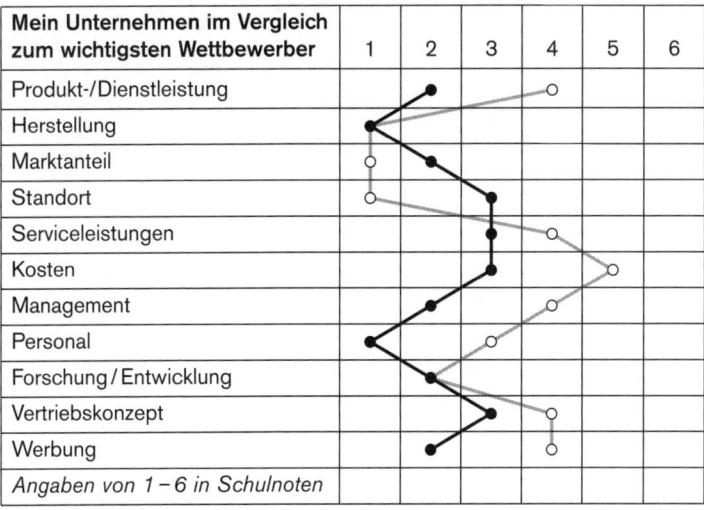

Mein Unternehmen im Vergleich zum wichtigsten Wettbewerber	1	2	3	4	5	6
Produkt-/Dienstleistung						
Herstellung						
Marktanteil						
Standort						
Serviceleistungen						
Kosten						
Management						
Personal						
Forschung/Entwicklung						
Vertriebskonzept						
Werbung						
Angaben von 1 – 6 in Schulnoten						

Abb. 2: Ergebnis der Stärken-Schwächen-Analyse

Das spezialisierte Sortiment
- Angler- und Fischereibedarf
- der ultimative Snowboard-Shop
- Mode ab Größe 42
- Werbung für Finanzdienstleistungen
- Autohaus für Geländewagen

Die Produktionsweise oder Herkunft
- aus eigener Herstellung
- aus aller Welt
- von ausgesuchten Biobauern

Die Vielfalt
- Früchte aus aller Welt
- Sicherheit rund ums Haus
- alles für den Fotofreund

Die Mitarbeiter
- unser Lehrlingsteam bedient Sie
- von Frauen für Frauen
- freundlicher geht's nicht
- von Profis beraten

Die Öffnungszeiten
- bis 22 Uhr geöffnet
- der Sonntagsbäcker
- nur von 18–20 Uhr

Die Vertriebsstrategie
- Online-Bestellung
- Vorführung und Verkauf im Haus
- Garagenverkauf
- direkt ab Werk

Beschäftigen Sie sich aber auch mit Ihren Schwächen, wie beispielsweise:
- schlechtere Lage
- reduzierte Öffnungszeiten
- Personalmangel
- Lieferengpässe
- schlankeres Sortiment
- fehlender Full Service.

Wenn Sie Ihr Unternehmen mit anderen verglichen haben, kennen Sie selbst Ihre Stärken und Schwächen ganz genau. Versuchen Sie es nun aus Sicht Ihrer Kunden zu sehen und überlegen Sie, wie aus einer Schwäche doch noch eine Stärke wird.
- Schlechtere Lage – aber genügend Parkplätze
- Reduzierte Öffnungszeiten – aber besserer Service

Wenn Ihr Unternehmen eines dieser Versprechen geben kann, das es tatsächlich von der Konkurrenz unterscheidet, dann stellen Sie es auch in der Werbung heraus. Denken Sie daran, dass es nicht die objektiven Kriterien sind, die über den Erfolg Ihres Geschäfts entscheiden, sondern die Sympathie, die Ihnen Ihre Kunden entgegenbringen.

Manchmal können Sie aus einer Schwäche in Ihrer Werbung auch eine Stärke machen. So wie der Autovermieter AVIS, der als weltweite No. 2 im Vermietgeschäft mit dem Slogan „We try harder" wirbt, sinngemäß „Wir sind nur die Nr. 2 im Geschäft. Umso mehr strengen wir uns an."

Wenn Ihre Unterschiede als Unternehmen groß genug sind, dann werben Sie mit einem der Argumente. Verfallen Sie auf keinen Fall in den Fehler, alle möglichen Argumente aufzählen zu wollen, selbst wenn es Ihrer Meinung nach mehr davon gibt. Erinnern Sie sich an IKEA, die als das unmögliche Möbelhaus bekannt wurden und als Reklamefigur einen Elch einsetzten. Ganz einfach. Verpacken Sie das, was Sie zu sagen haben, in eine einzige Botschaft und kommunizieren Sie diese richtig.

Warum meine Produkte besser sind

Wenn Sie mit der Meinung ins Rennen gehen, dass Ihre Produkte genauso gut wie die der Wettbewerber sind, haben Sie vermutlich schon verloren, bevor es begonnen hat. Denn wenn Sie selbst nicht überzeugt sind, mit Ihren Produkten und Dienstleistungen etwas Besonderes zu leisten, wie wollen Sie dann Ihre Kunden überzeugen?

In der Tat sind heute viele Produkte qualitativ vergleichbar, leisten dasselbe wie Wettbewerbsprodukte und dennoch – Unterschiede sind immer vorhanden.

Um das Finden und Herausstellen dieser Unterschiede geht es immer.

Werbeleute suchen immer nach dem USP, der Unique Selling Proposition, einem einzigartigen Verkaufsargument. Was kann es sein, das Ihr Produkt einzigartig macht?

Ist es vielleicht...

- frischer,
- qualitativ hochwertiger,
- stärker,
- langlebiger,
- preiswerter,
- umweltfreundlicher,
- oder...?

Um gegenüber Wettbewerbsprodukten oder Services die Nase vorn zu haben, müssen Sie sich nicht auf ganzer Linie vergleichen, es reicht, wenn Sie in einem bestimmten Kriterium die Nase vorn haben. Manchmal ist dieses Kriterium in der Verpackung, manchmal in der Wirkung und manchmal steckt es nur in der Werbung.

So behauptet die Biermarke Heineken jahrelang auf ironisch witzige Weise: Heineken erfrischt Körperteile, die andere Biere erst gar nicht erreichen. Zu sehen waren unter anderem Holzbeine.

Die Jagd nach dem Kundennutzen

Mag sein, Sie haben Ihre Einzigartigkeit gefunden. Was einen potentiellen Kunden noch lange nicht überzeugt. „Na und?", fragt der Kunde. „Was nützt mir das? Mag sein, dass es das Beste ist, was ich kriegen kann, aber vielleicht reicht das Zweitbeste völlig aus? Mag sein, dass es umweltfreundlich ist, dafür ist es aber zu teuer. Mag sein, dass es preiswerter ist, aber vielleicht geht's dann auch schnell kaputt."

Kunden beurteilen Sie und Ihre Produkte einzig und allein nach dem Nutzen, den sie sich von einer Zusammenarbeit mit Ihnen oder dem Kauf Ihrer Waren versprechen.

Was also ist der Kundennutzen?

Ein starker Rasenmäher mäht schneller und verspricht daher mehr Freizeit. Ein Biogemüse verheißt mehr Genuss. Beim Trinken eines frisch gepressten Orangensaftes winkt mehr Gesundheit. Ein Unternehmensberater soll nicht beraten, sondern Erfolg verschaffen. Der Nutzen einer Diät ist es nicht, ein paar Pfunde weniger zu haben, sondern vielleicht mehr Erfolg beim anderen Geschlecht. Denken Sie daran, dass kaum ein Porsche gekauft wird, um damit Rennen zu fahren und die meisten Geländewagen doch nur für Fahrten zwischen Aldi und Kindergarten bewegt werden.

Sich auf den Kundennutzen zu konzentrieren heißt, sein Wissen über das eigene Produkt hinten an zu stellen und sich zu fragen: Was wird es dem Kunden nützen? Wie wird er es verwenden? Und: Wird er Spaß dabei haben? Unternehmen wie Nike verstehen den Kundennutzen perfekt, sie machen aus einem Haufen Kautschuk nicht einen Schuh, der in der Herstellung 4 Dollar kostet, sondern ein Objekt der Begierde. Was Sie für 100 Dollar kaufen werden.

Der Nutzen, den Kunden aus Ihrem Produkt oder Ihrer Dienstleistung beziehen, ist in direkter Weise mit ihren Bedürfnissen verknüpft. Psychologen ziehen zur Erklärung der menschlichen Bedürfnisse die so genannte Maslowsche Bedürfnispyramide heran. Sie stellt die menschlichen Bedürfnisse als ein Modell mit fünf Ebenen dar, wobei Bedürfnisse der höheren Ebene erst dann nach Befriedigung verlangen, wenn die der unteren Ebene erfüllt sind.

So stehen die physiologischen Bedürfnisse an der Basis der Pyramide und verlangen als erste danach gestillt zu werden. Physiologische Bedürfnisse sind die existenziellen Bedürfnisse des Menschen, das Bedürfnis zu atmen, zu schlafen, zu essen, zu trinken und das Bedürfnis nach Sex. „Sex sells" sagen die Werbeleute und sie machen damit deutlich, dass sie in ihrer Werbung auf die Kraft dieses primären Bedürfnisses setzen.

Unsere Sicherheitsbedürfnisse verlangen nach Schutz, nach Stabilität und Konstanz in einer Umwelt, die sich permanent ändert, in einem Leben, das jede Menge Überraschungen bereithält.

Die Zugehörigkeits- und Liebesbedürfnisse sind der Wunsch nach Freundschaft, der Zugehörigkeit zu einem Arbeitsteam, einer Clique, einem Verein oder einer Community.

Die Wertschätzungsbedürfnisse entwickeln sich, wenn die Bedürfnisse der ersten drei Ebenen erfüllt sind. Menschen wollen von andern bewundert werden, wollen sich durch Titel und Statussymbole abheben und so die Anerkennung ihrer Freunde, der Umwelt oder der Gesellschaft erfahren.

Bedürfnisse nach Selbstverwirklichung

Erst zuletzt kommt das Streben nach Selbstverwirklichung, seine eigenen Ziele verwirklichen zu können, seinem inneren Drang nachgehen zu können. Die Maslowsche Bedürfnispyramide zeigt: erst wenn die Basisbedürfnisse befriedigt sind, streben die Menschen an die Spitze der Pyramide.

Business-to-Business: Wenn Unternehmen miteinander Geschäfte machen

Schade, dass wir ein so populäres Modell, wie das der Maslowschen Bedürfnispyramide nicht zur Erklärung aller Kundenmotivationen heranziehen können. Denn wenn Ihr Kunde ein Unternehmen ist, sieht die Sache schon ganz anders aus.

Unternehmen werden Kunden bei Ihnen, weil sie:

- zum Beispiel ein Zulieferteil benötigen, um ihr eigenes Produkt zu fertigen;
- ein Produkt benötigen, um Ihren Geschäftsbetrieb damit zu gestalten, etwa Software, Hardware oder Möbel;

Abb. 3: Maslowsche Bedürfnispyramide

• eine Dienstleistung einkaufen möchten, die Sie nicht selbst er-
  bringen wollen oder können, wie Werbung, EDV, Logistik.

Ein Unternehmen befriedigt also ebenfalls eigene Bedürfnisse: die
nach Wachstum, Sicherheit, Wirtschaftlichkeit, Profit.

Auch wenn Sie Ihr Geschäft nicht mit Privatleuten, sondern überwiegend oder ausschließlich mit Unternehmen abwickeln, Sie haben es nie mit der Firma zu tun, sondern immer mit einzelnen Menschen. Und deren Bedürfnisse sind menschlich.

Menschen und Motivationen

In engem Zusammenhang mit den menschlichen Bedürfnissen
stehen die Motivationen. Motivation ist der Antrieb, der Befriedigung eines Bedürfnisses nachzugehen oder ... es bleiben zu lassen.
Ein Streit, der tagtäglich in jedem von uns tobt. Eigentlich hat man
ja das Bedürfnis mal wieder auszugehen, um seinen Horizont zu erweitern, in Gesellschaft anderer zu sein oder ganz einfach Spaß zu

haben. Und dann? Bleibt man mit der Chipstüte vor dem Fernseher liegen. Das Bequemlichkeitsbedürfnis hat gesiegt. Die Motivation mal wieder auszugehen war noch nicht stark genug.

Welche Motivation kann Ihr Kunde haben, sich Ihrem Produkt zu widmen? Welche Motivationen verhindern Ihren Verkaufserfolg?

Psychologen stellen zur Erforschung von Motivationen Listen auf, die es ermöglichen sollen, Motivationen, ihre Funktionen und mögliche Verhaltensweisen in Zusammenhang zu bringen. Was wollen Kunden? Nutzen Sie menschliche Motivation, um potentielle Kunden für Ihre Produkte und Dienstleistungen zu begeistern.

Eine kleine, aber doch sehr aussagekräftige Liste von Motivationen ist diese:

Motivation	Zeile/Bedeutung
Neugier	Abwechslung/Neuheit/Wissbegierde/Horizonterweiterung
Leistung	Ehrgeiz/Erfolg/Perfektionismus/Effizienz/Wettbewerb
Kontakt	Ausleben bestehender oder Aufbau neuer Beziehungen, Zugehörigkeit zu einer Gemeinschaft
Macht	Dominanz/Führung/Kontrolle über andere
Sicherheit	Risikovorsorge/Vermeiden von Mißerfolgen, Schmerz, Krankheit
Helfen	Hilfe oder Unterstützung leisten/Schützen/Fürsorge
Hilfe erhalten	unterstützt/angeleitet/beschützt werden
Bequemlichkeit	Vermeiden von Ansstrengung, Zeitersparnis
Ordnung	Einfachheit, Verständlichkeit, Vorhersagbarkeit der Umwelt
Unterhaltung	Spiel/Zerstreuung/Ablenkung
Gewinn	Geld verdienen oder gewinnbringend anlegen/Sparen/günstige Geschäfte oder Käufe/Besitz mehren
Prestige	Bewunderung und Anerkennung durch sich selbst, reale oder nur vorgestellte Dritte
Sex	reale oder phantasierte sexuelle Aktivitäten
Emotion	Gefühlsbetonung/Aufregung, Risiko ("sensation seeking")/ Vermeiden bzw. Herbeiführen negativer bzw. positiver Emotionen
Rückzug	Ruhe/Regeneration/Schlaf
Autonomie	Selbstbestimmung/Freiheit/Widerstand gegen Beeinfussung/ Bestätigung und Verteidigung der eigenen Werte und Meinungen

Abb. 4: Motivationstaxonomie (Quelle: Wirth, T.: Missing Links, S. 221)

Zielgruppen sind auch nur Menschen

Die Zielgruppen-Denke

Werbeleute denken in Zielgruppen – welche Personengruppen wollen Sie mit Ihrer Botschaft erreichen? Dabei ist es wichtig zu wissen, dass Zielgruppen nicht nur potentielle Kunden sind. Und manche der Zielgruppen Ihres Unternehmens müssen auch niemals Kunden werden, um zu Ihrem Geschäftserfolg beizutragen.

Ein paar davon sind Steigbügelhalter: Banken, private Geldgeber, Ihre Freunde, Ihr Lebenspartner, Ihre Familie. Ohne deren Unterstützung wären Sie jetzt nicht da, wohin Sie es bis jetzt geschafft haben. Auch sie müssen Sie in Ihrer Kommunikation berücksichtigen. Die Information über die Aktivitäten Ihres Geschäftes darf auch bei Banken über reines Zahlenmaterial hinausgehen. Eine aktive Kommunikation, die zeigt wie dynamisch Sie Ihr Geschäft anpacken, verbessert auch Ihr Rating bei den Kreditgebern.

Promoter/Multiplikatoren

Suchen Sie den persönlichen Kontakt zu kommunalen oder regionalen Wirtschaftsförderern, zur Handwerkskammer oder der IHK. Lassen Sie sich über deren Aktivitäten auf dem Laufenden halten. Nutzen Sie deren Veranstaltungen als eine Gelegenheit persönliche Kontakte zu knüpfen. Nutzen Sie deren Medien wie IHK-Zeitschrift, Firmenspiegel, Standortbroschüren, um Informationen über Ihr Unternehmen zu verbreiten.

Suchen Sie von Anfang an den engen und persönlichen Kontakt zur Presse. Ein Presseartikel über Sie ist mehr wert als jede Werbung, die Sie in der Tageszeitung schalten können und überdies umsonst. Selbst wenn Sie im lokalen Umfeld keine Kunden haben – der Erfolg bei der Lokalpresse ist die erste Voraussetzung, um auch auf nationalem Terrain in den Medien Gehör zu finden. Im Übrigen lesen Entscheidungsträger aus Politik, Verwaltung und bei Ihrer Hausbank auch die Tageszeitung. Und schon haben Sie Ihre Erfolgsgeschichte um ein Kapitel fortgeschrieben.

Mitarbeiter

Wenn Sie alleine starten und alleine bleiben wollen, dann vergessen Sie diese Zeilen. Alle anderen, die Mitarbeiter haben, sollten dafür sorgen, dass diese über die Zielsetzungen, Strategien und tatsächliche Erfolge oder Misserfolge des Unternehmens informiert sind. Das geht in einem kleinen Start-up, aber auch in einem Betrieb mit 100 Mitarbeitern – am besten über das persönliche Gespräch. Und bereits an dieser Stelle ein Tipp. Nutzen Sie die Kraft der persönlichen Kommunikation in Ihrem Unternehmen solange es geht. Setzen Sie Medien wie E-Mail, Rundbriefe oder Mitarbeiterzeitungen erst dann ein, wenn eine Kommunikation auf direktem Wege nicht mehr möglich ist. Menschen wollen mit Menschen kommunizieren. Nicht mit Ihrem Abbild in der Firmenzeitung.

Geschäftspartner/Lieferanten

Für den Marktzugang sind Lieferanten und Geschäftspartner äußerst wichtig. Sie sind in der Regel schon länger in der Branche, kennen die Gegebenheiten des Marktes und das Verhalten Ihrer Mitbewerber. Ein Austausch mit diesen Partnern zahlt sich schnell aus, sobald Sie von einem Lieferanten empfohlen werden.

Potentielle Kunden

Die Zielgruppe, um die sich Unternehmer am stärksten bemühen, sind die potentiellen Kunden. Für sie werden die Kommunikationsmaßnahmen hauptsächlich konzipiert. Ohne neue Kunden versiegt das Wachstum und Ihr Geschäft läuft rückwärts. Versuchen Sie sich ein möglichst genaues Bild von ihren Bedürfnissen zu verschaffen. Wie alt sind diese, überwiegend männlich oder weiblich? Kommen sie aus höher oder niedriger verdienenden Einkommensschichten? Sind sie in bestimmten Lebenssituationen – Singles, Familien, Rentner? Welche Merkmale kennzeichnen sie noch: Bildungsgrad, Auto- oder Bahnfahrer, sportlich oder nicht?

Sprechen Sie diese Zielgruppe so exakt wie möglich an. Stellen Sie deren Nutzen in den Vordergrund Ihrer Werbeaussagen. An Ihren Verkaufserfolgen werden Sie sehen, wie gut Ihnen das gelingt.

Kunden

Ja. Sie haben richtig gelesen. Auch Kunden gehören zu Ihrer Zielgruppe. Womöglich sind sie das wertvollste Potential für Ihre weitere Geschäftsentwicklung.

Lassen Sie sich im Umgang mit Ihren Kunden von drei Überlegungen leiten:

(1) Jeder Kunde braucht – gerade beim Kauf von höherwertigen Konsum- oder Investitionsgütern eine Nachkaufbestätigung. Nicht selten kämpfen Kunden nach dem Kauf mit der so genannten Nachkaufreue. Sie fragen sich, ob sie bei dem Kauf alles bedacht haben. Ob sie die richtige Wahl getroffen haben. Und ob das Produkt tatsächlich die vor dem Kauf in es gesetzten Erwartungen erfüllt. Der Kunde braucht die Bestätigung, richtig gewählt zu haben.

(2) Jeder Kunde wird leichter wieder Kunde. Ein einmal gewonnener Kunde ist leichter für den Kauf anderer oder ergänzender Produkte zu gewinnen. Schließlich haben Sie sein Vertrauen bereits gewonnen.

(3) Eine Kunde empfiehlt andere Kunden. Ein zufriedener Kunde wird seine Begeisterung nicht für sich behalten. Er wird über die Erfahrungen mit seiner Neuerwerbung berichten. Er wird Auskunft geben über seine Einkaufsquelle. Und er wird sich mit anderen unterhalten, die ähnliche Produkte erworben haben oder erwerben wollen. Oder haben Sie noch nie Männern zugehört? Die können sich stundenlang über Rasenmäher unterhalten.

Natürlich können Sie sich dieses Kundenverhalten zunutze machen. Und den Kunden – wenn möglich – jahrelang an Ihr Unternehmen binden. Das geschieht unter anderem durch die richtige Kommunikation mit ihm.

Gründertipp: Als neu gegründetes Unternehmen brauchen Sie vor allem eines: neue Kunden. Konzentrieren Sie deshalb ihre Werbeaktivitäten in den ersten 6 Monaten zu 80 % auf die Ansprache potentieller Kunden. Die restlichen 20 % verteilen Sie zur Hälfte auf Presse und Geschäftspartner – Ihre wichtigsten Verbündeten beim Markteintritt.

Budgetplanung: so wird es gemacht

„Ein richtiges Budget haben wir nicht", ein Standardsatz, den man in kleinen und mittleren Unternehmen oft zu hören bekommt. Oder „Das entscheidet der Chef bei Bedarf persönlich". Viele, vor allem auch Unternehmensgründer, neigen dazu, den Posten „Werbung" bei der Jahreskostenplanung einfach zu vergessen. Aus mehreren Gründen ist dies fatal:

- Ohne Werbeausgaben kommt kein Geschäft aus. Die Tatsache diese nicht zu planen, offenbart eher Planungsmängel als betriebswirtschaftliche Vorsicht.

- Die Erfahrung zeigt, dass spontan ausgegebene Werbegelder oft ohne wirklichen Effekt sind. Die Entscheidungen werden aus einer momentanen Stimmung heraus getroffen und basieren auf keiner klaren Strategie.

- Wenn kein Budget vorhanden ist, werden sporadische und spontane Werbeausgaben oft auch buchhalterisch nicht korrekt erfasst. Das rächt sich später. Denn die mangelnde Transparenz Ihrer Werbeaufwendungen ist die Folge.

Machen Sie sich bei Ihrer Jahresplanung auf jeden Fall die Mühe ein realistisches Werbebudget einzuplanen. Aber wie hoch ist richtig?

Anhand der folgenden vier Methoden können Sie die Höhe Ihres Budgets ermitteln.

Die %-Methode

In der Regel korrelieren die Werbeausgaben in einem bestimmten prozentualen Verhältnis mit dem Umsatz. Aber auch hier ist eine enorme Schwankungsbreite gegeben. Während zum Beispiel bei Investitionsgütern oder Dienstleistungen etwa 3–5 % vom Umsatz für Werbung ausgegeben werden, sind dies bei den Konsumgütern manchmal 20 % und mehr. Kleine und mittlere Unternehmen sind generell gut beraten, sich bei der Höhe der Werbeausgaben nicht an den Spitzenreitern der Konsumbranchen zu orientieren, sondern ihre Werbeausgaben auf maximal 3–5 % des Umsatzes zu beschränken.

Die Bedarfsmethode

Für die Werbeplanung im ersten Geschäftsjahr ist die Bedarfsmethode gut geeignet. Gerade im ersten Jahr fallen viele Kosten an, die Sie als Einmalinvestitionen tätigen müssen wie Logo, Briefpapier, Drucksachen, Ladenbeschriftung, Fahrzeugbeschriftung. Stellen Sie den Jahresbedarf in Ihrer Budgetplanung zur Verfügung.

Die Zielmethode

Natürlich können Sie den Werbetat – etwa in Zusammenarbeit mit einer Werbeagentur – zielorientiert festlegen. Ziele, die Sie ereichen wollen, können sein: eine bestimmte Umsatzhöhe, eine bestimmte Umsatzsteigerung, eine bestimmte Ertragshöhe, die Ansprache einer neuen Zielgruppe, die Einführung eines neuen Services oder eines neuen Produktes oder die Steigerung Ihres Bekanntheitsgrades. Lassen Sie sich in einem solchen Fall von den Werbeexperten ausrechnen, wie viel Geld Sie einsetzen müssen, um eine bestimmte Vorgabe zu erreichen.

Die Vergleichsmethode

Wenn Sie Glück haben, kommen Sie an branchenübliche Kennziffern und wissen dann, wie viel Prozent des Umsatzes andere Unternehmen Ihrer Branchen ausgeben. Fragen Sie nach bei Ihrer Hausbank, bei der IHK oder bei der Handwerkskammer.

Zu guter Letzt: Auch wenn Sie Ihren Werbeetat nicht nach der Prozentmethode entwickeln, achten Sie darauf, dass die von Ihnen avisierten Kosten durch die Ertragsplanung gedeckt sind.

Kein Budget ohne Werbeplan

In engem Zusammenhang mit der Budgetplanung steht der Werbeplan generell. Denn der Werbeplan bringt die Ziele Ihrer Werbung, die gewählten Maßnahmen, die anvisierten Zielgruppen und das Budget zusammen.
- Was soll mit der Werbung erreicht werden?
- Wer ist Adressat der Werbung?

- Welche Botschaft enthält die Werbung?
- Wie gelangt die Botschaft an den Umworbenen (Medien, Werbemittel, Maßnahmen)?
- Wann sollen die Werbemaßnahmen durchgeführt werden?
- Wie viel kosten die Werbemaßnahmen?

Zielgruppen

Ein Werbeplan umfasst die Beschreibung der Zielgruppen, die Ihre Werbemaßnahme erreichen soll. Streuen Sie Ihre Werbeausgaben niemals nach dem Gießkannenprinzip, sondern mit klarer Konzentration auf eine bestimmte Zielgruppe.

Jahreszeiten

Verteilen Sie Ihre Werbeausgaben keinesfalls indem Sie Ihr Jahresbudget durch 12 teilen und jeden Monat einen fixen Betrag ausgeben. Viele Märkte sind durch saisonale Schwankungen gekennzeichnet: Eismaschinen verkaufen sich im Sommer besser, Immobilien- und Automärkte halten Winterschlaf. In der Urlaubszeit sind in der Regel weniger Konsumenten im Einzelhandel unterwegs. Passen Sie Ihren Werbeplan diesen Marktgegebenheiten an. Die Wirkung Ihrer Werbmaßnahmen ist übrigens besser, wenn Sie diese auf einen kurzen Zeitraum konzentrieren.

Medien und Maßnahmen

Ihr Werbeplan legt auch fest, wie Sie Ihre Werbegelder ausgeben wollen. Auch dies nach klaren Vorgaben: Welche Medien, zu welcher Zeit mit welcher Botschaft für welche Zielgruppe? Die Tipps dazu finden Sie in diesem Buch. Ein Werbeplan zeigt auf einen Blick, wohin Ihr Geld fließt und wann die Ausgaben anfallen. Eine einfache Excel Tabelle gibt darüber Auskunft. (s. Seite 16)

Ein paar Erfolgsformeln für gute Werbung

Werbeleute, Psychologen und Werbewirkungsforscher versuchen seit langem die Erfolgsfaktoren guter und wirksamer Werbung zu

Aktivität	Januar	Februar	März	April	Mai	Juni	Werbe-mittel-kosten
Anzeigen Heimatblatt		300 €		300 €			600 €
Wochen-zeitung		200 €		200 €			400 €
Plakate DIN A 1			400 €		400 €		800 €
Handzettel DIN A 4			200 €		200 €		400 €
Monatskosten/ Gesamtkosten		500 €	600 €	500 €	600 €		2.200 €

Abb. 5: Werbeplan

bestimmen. Ihre Erkenntnisse sind in ein paar griffigen Formeln zusammengefasst.

Die A.I.D.A-Formel

Die bekannteste Grundregel überhaupt ist die A.I.D.A-Formel.

- **Attraction**: Das beworbene Angebot muss so verpackt sein, dass die Aufmerksamkeit erregt wird.
- **Interest**: Nachdem die Aufmerksamkeit des Betrachters gewonnen wurde, muss sein Interesse geweckt werden.
- **Desire**: Weitere Argumente sollen in ihm den Kaufwunsch erhöhen.
- **Action**: Der Umworbene soll seinen Kaufwunsch in die Tat umsetzen.

Tatsächlich basieren auf diesem Grundschema die Plots für Werbespots und Filme, für Anzeigen und Radiospots ebenso wie für Werbebriefe oder das E-Mail-Marketing.

Die K.I.S.S-Regel

Keep it simple and stupid. Ein Grundsatz, der daran appelliert, seine Werbebotschaft so simpel wie möglich zu verpacken, auch wenn man sich an vermeintlich intellektuelles Publikum wendet.

Texte müssen kurz und verständlich sein, Bilder sofort erkennbar, die dahinter stehende Symbolsprache einfach und für jeden nachvollziehbar.

Die M.A.Y.A-Regel

Most advanced yet acceptable – was in etwa heißt: „So extrem wie möglich, aber gerade noch akzeptabel." Sie basiert auf der Erkenntnis, dass Werbung, die nicht außergewöhnlich gestaltet ist, wenig Chancen hat wahrgenommen zu werden. Stereotype Klischees locken eben niemand mehr hinter dem Ofen hervor. In der Praxis zeigt sich, dass „Extreme" vor allem von jungen Leuten, aber vor allem von den Kreativen selbst bevorzugt werden. Ein Beispiel für einen humorvollen Tabubruch zeigt die Abbildung auf Seite 18. Für manche total witzig, für andere geschmacklos.

Das A.R.A-Prinzip

Nachdem die vorangegangenen Formeln sich eher mit der Gestaltung von Werbebotschaften beschäftigen, widmet sich diese der Zielsetzung der Werbung. Sie ist kürzer als die anderen und beruht auf der einfachen Erkenntnis, dass es keine Werbung geben darf, die nicht zu Ihrem Geschäftserfolg beiträgt. Ich nenne sie kurz und bündig das A.R.A-Prinzip. Dabei steht das erste A für die Aktion Ihrer Werbemaßnahmen. Das R für die Reaktion des Kunden und das letzte A wiederum für Ihre Aktion, mit der Sie Ihre erfolgreichen Werbemaßnahmen abschließen, beispielsweise indem Sie Ihr Produkt oder Ihre Dienstleistung verkaufen.

A.R.A ist streng genommen kein Werbeprinzip, sondern ein Geschäftsprinzip, das Sie auf Ihre Werbemaßnahmen anwenden. Setzen Sie nie eine Werbung in Gang, die dem Empfänger keine Reaktionsmöglichkeit bietet. Sagen Sie Ihrem Empfänger deutlich, was er tun soll, wenn er Ihre Werbung erhalten hat. Und zu guter Letzt – seien Sie auf eine Reaktion vorbereitet: durch genügend Personal, eine ausreichende Telefonbesetzung oder durch eine schnelle Reaktion Ihrerseits durch Warenlieferung, Antwortbrief oder andere geeignete Maßnahmen.

Abb. 6: Anzeige CinemaxX (Quelle: Jung von Matt/basis GmbH, CinemaxX Anzeigen-Imagekampagne)

Wenn Sie das A.R.A-Prinzip befolgen, haben Sie überflüssige Werbemaßnahmen zu 100 % eliminiert. Eine Grundvoraussetzung, um mit kleinem Budget erfolgreich zu sein.

2. Wer Werbung macht

- Zur Einstimmung, ein knappes Budget
- Do it yourself oder Dienstleister?
- Werbeagentur oder Grafiker?
- Wie man seine Partner auswählt
- Bevor die Arbeit losgeht: das Briefing
- Vorsicht Fallen
- Wie Werbeagenturen honoriert werden.

Zur Einstimmung: ein knappes Budget

Kleinere Unternehmen haben meist kleinere Budgets. Unternehmensgründer fast immer. Bevor Gründer ihr Geschäft überhaupt gestartet haben, müssen sie Investitionen tätigen, in Ladeneinrichtung, in Maschinen, in Hard- und Software, in Briefpapiere oder Bürogeräte und in Werbung.

Da ist man leicht versucht, ein paar Hundert Euro einzusparen. Aber bitte an der richtigen Stelle. Auch durchaus gestandene Unternehmer messen dem Thema Werbung oft nicht die richtige Bedeutung bei. Für die einen ist es ein notwendiges Übel. Sie sehen zwar ein, dass Investitionen in Hardware Geld kosten, aber Ausgaben für weniger greifbare Investitionen sind ihnen suspekt. Nur allzu gern wird der Satz von Henry Ford zitiert: „Ich weiß, dass die Hälfte meines Werbeetats zum Fenster rausgeworfen ist. Ich weiß nur nicht welche Hälfte."

Andere, wie der Inhaber einer südwestdeutschen Metallfabrik mit weit über 1.000 Mitarbeitern, halten Werbung schlicht für überflüssig. „Mit unserem Namen kommt man im Leben nur zweimal in die Zeitung, wenn man heiratet und wenn man stirbt." Er war als Mitglied eines deutschen Fürstenhauses eben in allen Lebenslagen auf Diskretion bedacht. So auch im Business.

Ein amerikanischer Textilunternehmer sagte mir einmal: „Während man hierzulande (in Deutschland) etwa 100 % seiner Investitionen in Maschinen und Anlagen steckt, sind es in USA nur 50 %. Die andere Hälfte investiert man in die Publicity des Unternehmens und seiner Produkte."

Wer die Notwendigkeit von Werbung nicht einsieht, wird wohl kaum geneigt sein, dafür geeignete Spezialisten zu Rate zu ziehen. Er sucht den vermeintlich billigsten Weg der Kosteneinsparung. Er macht vieles oder alles selbst. Und für den Rest kennt er einen Schüler, der mit Grafikprogrammen umgehen kann. Das Dümmste, was man tun kann, ist, vom Sachverstand und der Erfahrung anderer nicht profitieren zu wollen. Aber wer kann einem wobei helfen? Und welche Dinge nimmt man lieber selber in die Hand?

Do it yourself oder Dienstleister?

Wenn Sie eine Ausbildung in einem Werbeberuf haben, wenn Sie selber in einer Agentur als Kreativer gearbeitet haben, wenn Sie vielleicht ein Marketingstudium hinter sich haben und eventuell ein bis zwei Jahre Erfahrung als Produktmanager mitbringen, dann machen Sie Ihre Werbung selbst. Aber auch da gilt: unter der Voraussetzung, dass Sie nichts Wichtigeres zu tun haben, und während der Unternehmensgründung die Nacht zum Tag machen können. Ansonsten ist Ihre Zeit zu kostbar. Die Entwicklung von Ideen ist ein – gerade für den Ungeübten – mühsamer und zeitraubender Prozess. Kreative, deren tägliches Brot die Herstellung guter Ideen ist, sind in diesem Prozess schneller und sofern sie gut sind, weitaus ideenreicher und professioneller.

Ihr Startpaket für Selbständigkeit schnüren Sie jetzt, zu Beginn Ihres Unternehmens. Der Name Ihres Unternehmens, Ihr Logo, wird Sie jahrelang oder den gesamten Lebenszyklus Ihres Unternehmens begleiten. Die Investition in diese grundlegenden Bestandteile Ihres Werbeauftritts mag Ihnen teuer vorkommen. Gemessen an der Bedeutung und der Nutzungsdauer ist sie ein Klacks. Ja sie ist sogar so klein, dass auch ein Gründer sie sich leisten kann.

Und trotzdem: es gibt Aufgaben, die den Unternehmer und die Unternehmerin persönlich fordern. Aber dazu später.

Werbeagentur oder Grafiker?

Bevor Sie sich für eines von beiden entscheiden, sehen wir uns die gemeinsamen Voraussetzungen an, die sowohl eine Agentur als auch ein Grafiker erfüllen muss, um für Sie als Dienstleister tätig werden zu dürfen.

Referenzen

Als Unternehmensgründer brauchen Sie gute Dienstleister. Es sind Leute, die zuhören, analysieren, Vorschläge machen, argumentieren, Alternativen aufzeigen, Lösungen entwickeln. Was Sie nicht brauchen, sind unerfahrene Kreative, Ja-Sager, die nur umsetzen, was man ihnen vorgibt und Leute, die sich zwar an ihrer eigenen Kreativität berauschen, diese aber nicht gewinnbringend für Sie einbringen können. Soweit zu den menschlichen Qualitäten. Wenn Sie die fachlichen beurteilen wollen, fragen Sie nach Referenzen. Sie sehen, welche Kunden Ihrem potentiellen Dienstleister vertrauen, welche Arbeit er geleistet hat und Sie können erkennen, ob Ihnen die Handschrift des jeweiligen Dienstleisters gefällt.

Vertrauen

Vertrauen ist tatsächlich der Anfang von allem. Werbung ist nun mal kein objektives Geschäft wie das Abzählen von Schrauben. Werbung weckt Empfindungen und ihr ganzer Herstellungs- und Beurteilungsprozess ist von Empfindungen begleitet. Wenn es Sie also stört, dass Ihr Werbeberater einen Schnauzbart trägt oder Witze macht, über die Sie nicht lachen können, engagieren Sie ihn nicht. Für die Dauer der Aufgabe bilden Sie als Unternehmer zusammen mit Ihrem Berater ein Team, in dem die Chemie stimmen muss.

Preis

Auch der Preis muss stimmen. Aber was darf ein Logo, eine Anzeige, die Gestaltung von Visitenkarten kosten? Schwer zu sagen. Natürlich sind viele Dienstleister in Berufsverbänden, die Honorarempfehlungen herausgeben. Diese Honorarempfehlungen sind aber weder Gesetz, noch stellen sie den Anspruch, minimale oder maximale Werte zu definieren. Es sind einfach nur Wunschvorstellungen. In Wahrheit werden Preise verhandelt. Ein Logo kann zwischen 300 Euro und 100.000 Euro kosten. Über die Qualität des Entwurfs sagen beide Preise nichts. Wie man hört, soll das Nike Logo, immerhin eines der bekanntesten Zeichen der Welt und auch in Deutschland tausendfach nachgeahmt, nur 150 Dollar gekostet haben.

Fragen Sie also vorher nach dem Preis. Holen Sie mehrere Angebote ein. Definieren Sie exakt, was Sie für das Geld haben wollen. Bringen Sie die Angebote auf eine vergleichbare Basis und dann entscheiden Sie – unter Berücksichtigung aller genannten Punkte, um Himmels willen nicht allein aufgrund des Preises.

Was Werbeagenturen leisten

Für Werbeagenturen gibt es eine Menge Argumente. Sie verfügen über mehrere Mitarbeiter unterschiedlicher Kompetenzen und können eine Rundum-Dienstleistung anbieten. Durch die Vielzahl der Mitarbeiter verfügen sie unter Umständen über mehr Erfahrung oder auch Branchen- und Marktkenntnisse, die Ihnen nützlich sein können. Sie haben mehr Kapazität und können Ihren Auftrag, wenn es eilig ist, schneller abwickeln. Sie können aufgrund ihres Personalstamms für Stellvertretung sorgen, wenn ihr gewohnter Ansprechpartner urlaubs- oder krankheitsbedingt mal ausfällt.

Ihre Nachteile sind der höhere Preis und die Tatsache, dass gerade Unternehmen mit kleinem Budget vielleicht das fünfte Rad am Wagen sind. Bei Kapazitätsproblemen hat immer der größte und wichtigste Kunde Vorrang. Wählen Sie eine Werbeagentur aber immer dann, wenn Sie umfassende Betreuung brauchen, wenn Ihr Geschäft einer nahezu täglichen Betreuung bedarf und Sie auf eine hohe Verfügbarkeit der Dienstleistung achten müssen.

Was Grafiker können

Alle visuellen Aufgaben sind bei einem Grafikbüro, egal ob Einzelkämpfer oder Miniunternehmen, in guten Händen. Durch die Bildung von Netzwerken können auch sie oftmals Rundum-Betreuung (auch in nichtgrafischen Werbefragen), wie etwa Herstellung von Werbemitteln oder Werbetext anbieten oder einen geeigneten Spezialisten hinzuziehen. Zu ihren Vorteilen gehören eine hohe Flexibilität, eine enge persönliche Zusammenarbeit und ein niedriger Preis.

Leider haben Sie im Krankheits- oder Urlaubsfall keinen Ansprechpartner. Und leider müssen Sie alle Dienstleistungen, die Ihr Grafiker nicht erbringt, woanders zukaufen und selbst koordinieren.

Was Texter schreiben

Sie schaffen es nicht, die Vorteile Ihres Unternehmens in wenigen Worten zusammenzufassen? Sie haben Probleme, Nicht-Fachleuten Ihr Business zu erklären? Sie sitzen stundenlang an passenden Formulierungen für einen Werbebrief? Dann engagieren Sie einen Texter.

Werbetexter können komplizierte Sachverhalte mit einfachen und treffenden Worten auf den Punkt bringen. Sie schaffen es in exakt vorgegebener Zeilenanzahl alles Wesentliche unterzubringen. Sie können ihren Schreibstil der umworbenen Zielgruppe anpassen – sachlich aber nicht trocken, wenn's um Technik geht. Emotional und begeisternd, wenn es um Konsumartikel geht. Darüber hinaus sind Texter Stress gewohnt, sie arbeiten in der Regel unter großem Zeitdruck und können sich in kürzester Zeit in neue Aufgabenstellungen einarbeiten.

Ob Sie einen Texter engagieren oder nicht, hängt stark davon ab, wie gut Sie selbst mit der deutschen Sprache umgehen können. Wenn Sie rhetorisch und grammatikalisch fit sind, am besten wissen was Ihre Zielgruppe interessiert, dann machen Sie den Job ruhig selbst. Wenn Sie stundenlang um geeignete Worte ringen, bloß um die Sonderangebote der Woche zu beschreiben, suchen Sie sich jemand, der es besser kann.

Wie man seine Partner auswählt

Für kleine und mittlere Unternehmen bietet sich an, das weniger zeitaufwendige verkürzte Auswahlverfahren anzuwenden. Der ent-

Agenturauswahl, verkürztes Verfahren

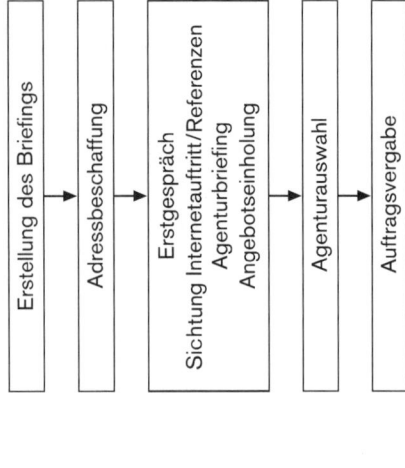

Agenturauswahl mit Präsentationsverfahren

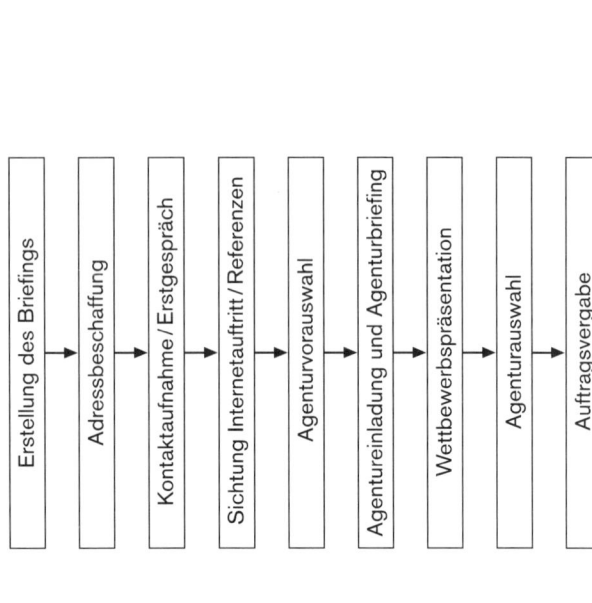

Abb. 6a: Agenturauswahl

scheidende Kniff: Sie verzichten auf eine Wettbewerbspräsentation, in der die Agenturen verschiedene Lösungsansätze präsentieren. Stattdessen holen Sie drei Angebote ein, von Agenturen, die aufgrund des Erstgespräches einen positiven Eindruck hinterlassen haben.

Die Auftragsvergabe erfolgt auf Basis der schriftlichen Agenturangebote.

Bevor die Arbeit losgeht: das Briefing

Was in der Software-Erstellung Pflichtenheft heißt, nennen die Werbeleute Briefing. Es ist ein Stück Papier, das Sie als Kunde selbst erstellen sollen und das alle Angaben enthält, die ein Dienstleister braucht, um für Sie kreativ arbeiten zu können.

Nichts spart innerhalb der Agentur mehr Zeit und Kosten als ein gutes Briefing. Es verhindert, dass Kreativität nicht um ihrer selbst willen angezettelt wird. Es ermöglicht die kundenorientierte und zielgenaue Durchführung der Aufgabe. Zudem dient es der Information aller Beteiligten und damit auch der Identifikation mit der Sache. Aber auch für Sie als Auftrageber ist das Briefing wichtig: es zwingt Sie zu Disziplinierung und zur exakten Formulierung des Auftrags, den Sie vergeben möchten. Ein Umstand, der es allen Beteiligten bei Vorlage der Arbeitsergebnisse ermöglicht, diese im Hinblick auf die gestellten Anforderungen zu kontrollieren.

Übergeben Sie mit dem Briefing alle Basisdaten zum Unternehmen, zu Produkt und Markt, zum geplanten Vertrieb, zu den Zielgruppen und zu den Wettbewerbern.

Welche Angaben ein Briefing enthalten soll:

Zum Unternehmen
- Name, Anschrift, Niederlassungen
- Anzahl der Mitarbeiter
- Produkt- oder Dienstleistungsangebot
- Geplanter Umsatz

Zum Produkt oder der Dienstleistung
- Um welches Produkt/Dienstleistung handelt es sich?
- Welches sind Vorteile für den Kunden?

- Gibt es Alleinstellungsmerkmale?
- Was könnte Kunden vom Kauf abhalten?
- Welches Produktimage soll aufgebaut werden?

Zum Markt

- Wie groß ist der Markt, wie ist er strukturiert, wie entwickelt er sich?
- Welche Marktanteile wollen Sie erreichen?
- Gibt es regionale oder saisonale Marktstrukturen?

Zum Vertrieb

- Wie wird Ihr Produkt oder Ihre Dienstleistung vertrieben?
- Wenn es verschiedene Vertriebskanäle gibt, welche sind das?
- Wie sind die Preise und Verkaufskonditionen?
- Sind besondere Verkaufsförderungsmaßnahmen geplant?

Zu den Zielgruppen

- Welche Zielgruppen gibt es (Käufer, Verwender, Empfehler)?
- Welche Faktoren beeinflussen die Zielpersonen am stärksten?
- Welches sind rationale und emotionale Einflussfaktoren für Ihre Zielgruppen?
- Wie informieren sich die Zielgruppen?

Zum Wettbewerb

- Welches sind die wichtigsten Wettbewerber?
- Wie unterscheiden sie sich von Ihnen?
- Was sind deren Stärken und Schwächen?
- Gibt es beim Wettbewerb signifikante Unterschiede hinsichtlich Vertrieb, Preis, Werbung?

Natürlich sind dies nur Anregungen für ein Briefing, das je nach Aufgabenstellung knapper oder ausführlicher ausfallen kann. In einem Gespräch mit Ihrem Dienstleister können Sie diese und viele eventuell darüber hinausgehende Punkte erörtern. Versäumen Sie aber keinesfalls, ein schriftliches Briefing zu übergeben und dies zur Grundlage Ihres Auftrags zu machen.

Teamvorstellung

Die Zusammenarbeit mit dem Dienstleister ist eine Teamaufgabe. Stellen Sie deshalb sowohl sich als auch Ihre für die Zusammenarbeit relevanten Mitarbeiter vor. Verlangen Sie aber auch Auskunft von Ihrem Dienstleister. Wer ist für Sie zuständig? Wie ist die Stellvertretung geregelt? Welchen Werdegang haben die für Sie zuständigen Mitarbeiter? Welches sind ihre Aufgaben? Welche Kunden betreuen sie außer Ihnen?

Vorsicht Fallen!

Das Produkt, das Kreative herstellen ist nichts Standardisiertes wie ein CD-Player oder eine Tafel Schokolade. Die Vorstellung, was standardisierte Produkte zu leisten haben, ist sonnenklar: Ein CD-Player, der nicht spielt, ist defekt und wird umgetauscht. Eine Tafel Schokolade, deren Haltbarkeitsdatum abgelaufen ist, tragen Sie in den Supermarkt zurück.

Die Produkte der Kreativen sind individuell für Sie gefertigt und unterliegen Geschmacksfragen, subjektiven Empfindungen und Bewertungen. Da tut man sich mit Reklamationen viel schwerer. Ist ein Slogan etwa schlecht, bloß weil er Ihnen nicht gefällt? Ist die Leistung etwa nicht fachgerecht erbracht, bloß weil Sie sich Ihre Anzeigen anders vorgestellt haben?

Dies sind die häufigsten Fallen, die Sie leicht umgehen können:

Unklarheit

„So war das aber nicht besprochen." „Das ist im Auftrag nicht enthalten." Solche Sätze fallen in der Praxis leider viel zu häufig. Verzichten Sie daher nicht auf das bereits erwähnte schriftliche Briefing. Was da drin steht, wird Gesetz – für Ihren Auftrag. Halten Sie darüber hinaus Änderungswünsche, Besprechungsinhalte und wichtige Absprachen immer schriftlich fest. Bestehen Sie darauf, dass Ihr Dienstleister Besprechungsnotizen und Protokolle anfertigt, die Ihnen spätestens am 3. Tag nach jeder Besprechung zugehen.

Nutzungsrechte

In vielen Fällen enthalten Agenturangebote und auch die von Grafikern neben den Kosten für die Erstellung von Entwürfen auch eine

Position bezüglich der Nutzung dieser Entwürfe. Achten Sie darauf, dass Ihnen sämtliche Nutzungsrechte uneingeschränkt übertragen werden, sobald die Rechnung vollständig bezahlt ist. Das gibt Ihnen das Recht jederzeit über diese Entwürfe so zu verfügen, wie Sie möchten. Sie setzen sie so oft ein wie Sie möchten, Sie modifizieren sie, wenn Sie es für nötig halten. Sollten Sie irgendwann Ihren Dienstleister wechseln wollen, sind Sie auf der sicheren Seite: Sie können die von Werbeagentur 1 gefertigten Entwürfe problemlos von Werbeagentur 2 weiter bearbeiten lassen. Tun Sie es nicht, müssen Sie sich im Fall der Trennung von Ihrem Dienstleister auf Nachforderungen gefasst machen.

Gerade wenn das Thema Nutzungsrechte überhaupt nicht erwähnt ist, ist Handlungsbedarf geboten. Sorgen Sie von sich aus dafür, dass die Vereinbarung, wie mit der Nutzung zu verfahren ist, schriftlich fixiert wird und verlassen Sie sich nicht auf mündliche Absprachen. Nutzungsrechte werden niemals stillschweigend, sondern stets explizit übertragen.

Vollständigkeit

Irgendwann ist es so weit, der Auftrag abgeschlossen. Sie halten einen wunderschönen Flyer in den Händen: Ihren ersten! Aber Sie brauchen mehr als das Stück Papier, das nun vor Ihnen liegt, Sie brauchen die Daten. Vereinbaren Sie, dass sämtliche zur Reproduktion dieses Auftrags erforderlichen Daten an Sie ausgehändigt werden. Auf der CD-ROM, die Sie erhalten, sind vermutlich eine Menge von Dateien, die mit unterschiedlichsten Software-Werkzeugen erstellt wurden. Als Laie verfügen Sie eventuell nicht über die Software diese Dokumente zu öffnen und zu überprüfen. Lassen Sie sich daher die Vollständigkeit der Daten schriftlich zusichern.

Wie Werbeagenturen honoriert werden

Bei der Honorierung von Werbeagenturen kommt es zwischen Auftraggebern und den ausführenden Kreativen oft zu Missverständnissen. Der Grund: Werbeagenturen beziehen ihre Eingaben aus unterschiedlichen Quellen und häufig sind diese dem Auftraggeber nicht bekannt. Zu einer vertrauensvollen Zusammenarbeit gehört Transparenz – gerade bei der Bezahlung. Also sprechen Sie das Thema vor der Auftragserteilung offen an.

Folgende Bezahlungsmodelle für Werbeagenturen gibt es:

Provisionen

Werbeagenturen leben zu einem gut Teil davon, dass sie organisatorische oder makelnde Aufgaben für Sie übernehmen: Sie erteilen Einschaltaufträge für Anzeigen, Kino- oder TV-Spots an die entsprechenden Verlage und Medienunternehmen. Sie beauftragen Fotografen, Lithostudios oder Druckereien. Sie bestellen Werbemittel wie Fahnen oder Luftballons. Solche von Dritten erbrachten Dienstleistungen kauft die Werbeagentur für Sie und beaufschlagt diese mit einer so genannten Handling Fee oder Service Fee. Die Höhe dieses Agenturaufschlages beträgt in der Regel 17,65 %, in manchen Fällen auch 20 %.

Honorare

Haupteinnahmequelle für die meisten Werbeagenturen sind allerdings Honorare für erbrachte Leistungen wie Beratung, Text, Grafik-Design etc.. Dabei werden die für einen Auftrag aufgewandten Arbeitsstunden in der Agentur erfasst und der angefallene Aufwand in Rechnung gestellt. Leider ist der im Handwerk übliche Rapportzettel bei Werbeagenturen noch nicht verbreitet. Wenn Sie eine Bezahlung nach tatsächlich geleistetem Aufwand vereinbaren, sollten Sie sich die erbrachten Leistungen detailliert nachweisen lassen. Besser ist es, für den Auftrag ein Pauschalhonorar zu vereinbaren.

Erfolgshonorare

Werbung soll Wirkung zeigen. Also wieso nicht einen Teil der Vergütung erfolgsabhängig bezahlen? Sprechen Sie das Thema bei Ihrem Dienstleister an. Was aber ist Erfolg? Wenn Sie es schaffen, sich auf messbare Kriterien für den Erfolg zu einigen, wie z. B. eine bestimmte Rücklaufquote eines Mailings, einen erzielten Umsatz nach einer Werbeaktion, eine bestimmte Klickrate auf Ihrer Homepage, dann spricht nichts gegen die erfolgsbezogene Vergütung. In diesem Fall wird eine Grundvergütung für erbrachte Leistungen bezahlt, bei nachgewiesenem Erfolg wird die zusätzliche Bezahlung fällig. Ein Modell, mit dem beide Seiten zufrieden sein können. Einem Anwalt, der einen Prozess gewinnt, würde man auch gerne mehr zahlen. Oder dem Arzt, der einen gesund macht. Achtung: Nach Umfragen ist nur etwa jede zweite Agentur zu einer solchen erfolgsabhängigen Vergütung bereit.

Die Praxis

In der Praxis werden Werbeagenturen aus einer Mischung von Provisionen und Honoraren vergütet. Die Höhe der Provision ist ebenso wenig Gesetz, wie ein bestimmter Honorarsatz. Da hilft nur: verhandeln. Bedenken Sie jedoch, dass eine Provisionsvereinbarung je nach Auftrag zum Vorteil eines der beiden Vertragspartner ausfällt. Wenn Sie beispielsweise Ihre Agentur mit der Herstellung eines neuen Stempels beauftragen und dafür eine Provision von 3 bis 4 Euro fällig wird, war der Arbeitsaufwand auf Seiten der Agentur sicher vielfach größer. Bei der Druckvergabe eines 100-seitigen Katalogs macht die Agentur Gewinn. Bei einer langfristigen Zusammenarbeit gleichen sich damit die „Verluste" aus den zu gering honorierten Aufträgen wieder aus.

3. Die Basics zum Start: Name, Logo, Geschäftspapiere

- Warum Sie einen guten Namen brauchen
- Klingt gut = ist gut?
- Entdecken Sie die Möglichkeiten
- Alles was Recht ist
- Namen selber machen: ein paar Profitricks, die Sie sofort beherrschen
- Was das Logo überhaupt ist
- Die Arten von Logos
- Worauf es bei Logos ankommt
- Die Gestaltung der Geschäftspapiere
- So setzt man Geschäftsangaben richtig
- Welche Rolle Papiere spielen
- Corporate Design: Das einheitliche Aussehen aller Werbemittel
- Gut und günstig – Geschäftsdrucksachen und das Papiergewicht
- Die Druckverfahren und wie Sie sie richtig nutzen
- Low Budget Tipps für Ihre Geschäftspapiere

Warum Sie einen guten Namen brauchen

Dass Ihr Geschäft einen Namen braucht ist unbestritten. Aber den wenigsten scheint klar zu sein, wie dringend ihr Unternehmen einen **guten Namen** braucht. Hunderttausende von Unternehmen bewerben sich allein auf dem deutschen Markt um die Gunst ihrer potentiellen Kunden. Reden wir mal gar nicht von den 30.000 Marken, die sich in Supermarktregalen, auf Kleiderbügeln oder auf Deutschlands Straßen mit professionellsten Methoden um Aufmerksamkeit bewerben. Als Unternehmensgründer werden Sie schnell bemerken, dass Sie einen guten Namen brauchen. Wenn Sie ein Ladengeschäft betreiben, werden Sie schon bald mit einem beleuchteten Werbeschild rund um die Uhr auf sich aufmerksam machen. Wenn die neuen Telefonbücher rauskommen, wollen Sie im Branchenverzeichnis vertreten sein. Und im Internet brauchen Sie einen Namen, der noch nicht belegt ist, auch wenn schon abertausende Namen reserviert sind.

Warum sage ich das alles? Weil ich denke, dass die Notwendigkeit eines einprägsamen, einfallsreichen, eindeutigen Namens von vielen unterschätzt wird.

Einen guten Namen brauchen Sie aus folgenden Gründen:

- **Damit man Sie wahrnehmen kann:** Als Müller oder Schulze ist es schwerer, sich von der Masse abzuheben. Deshalb steht vor einer Pop-Karriere meist ein Künstlername. Im Geschäftsleben ist es genauso. Ein abgenutzter unauffälliger Name ist nicht gut genug für Ihre Businesspläne.
- **Damit man Sie unterscheiden kann:** Eine Amsel ist kein Flamingo und ein Sperling nun mal kein Adler. Woran man unschwer merkt, dass ein Name auch eine Menge positiver Vorstellungen hervorrufen kann, die Ihnen helfen, sich von Wettbewerbern abzugrenzen.
- **Damit man Sie weiterempfehlen kann:** „Hmm. Da war ich neulich in einem Geschäft, da an der Ecke Schlossallee/Parkstraße. Irgendwo links. Wie es hieß, fällt mir beim besten Willen nicht mehr ein." Wenn man so über Sie redet, werden Sie schwerlich auf Mund-zu-Mund-Propaganda bauen können.
- **Damit Ihre Werbung wirken kann:** Von der Werbeanzeige in der örtlichen Tageszeitung bis zu Ihrem Geschäft ist es ein weiter Weg. Ans Ziel findet nur der Kunde, der sich Ihren Namen merken kann. Und auch erst dann fügen sich Ihre Investitionen vom Mailing, über Anzeige, vom Telefonbucheintrag bis zum Tür- oder Namensschild zu einer wirksamen Werbestrategie zusammen.

Klingt gut = ist gut? Oder: Was einen guten Namen auszeichnet

Man könnte lange darüber philosophieren, was einen guten Namen auszeichnet. Tun wir aber nicht. Wenn ihr neuer Name die folgenden sieben Kriterien erfüllt, behalten Sie ihn:

(1) Er muss Ihr Unternehmen von anderen unterscheiden: Hüten Sie sich auf jeden Fall vor Namensgleichheit und vermeiden Sie darüber hinaus auch jede Ähnlichkeit mit Ihrem Wettbewerber. Es sei denn, es ist Ihr Business, diesen Wettbewerber nachzuahmen. Soeben habe ich unter dem Stichwort „Impuls" beim „Googeln" 137.000 Treffer erzielt. Wer so heißt, hat es schwer, im Internet überhaupt gefunden zu werden. Unter dem Namen „Impuls" firmieren beispielsweise: ein Hundehotel, ein Fitnesscenter, mehrere Unternehmensberater, ein Dutzend Werbeagenturen, ein Einbauküchenhersteller, eine Akademie, ein paar IT-Firmen, eine Theatergruppe und eine private Krankenversicherung.

(2) Er muss leicht zu merken sein: Jedes Kind sollte ihn sich merken können. Aber bitte stellen Sie auch an Vorstandsvorsitzende keine höheren geistigen Anforderungen. Schließlich wollen Sie es Ihren Kunden so leicht wie möglich machen, sich an Sie zu erinnern. Wenn Sie meinen, Ihr Name sei doch recht einfach, erzählen Sie ihn im Freundeskreis mal weiter. Wenn ihn nach drei Tagen keiner mehr weiß, war er nicht gut genug.

(3) Er muss leicht zu sprechen sein: Eigentlich selbstverständlich. Aber auch wenn Sie selbst ein Fremdsprachengenie sind, sollten Sie bedenken, dass nicht jeder mit englisch oder französisch klingenden Namen zurechtkommt. Und am schlimmsten sind die Namen, von denen man erst gar nicht weiß, wie man sie spricht.

(4) Er muss positive Gefühle wecken: Gefühle sind so vielfältig wie die Menschen selbst. Und dennoch gibt es ein paar Grundregeln, die im deutschen Sprachraum gelten, was den Klang von Silben und Vokalen angeht. Sprechen Sie sich Ihren neuen Namen einmal vor. Dunkle Vokale wie a, o, u werden als beruhigend und Vertrauen erweckend wahrgenommen. Helle Laute sind aggressiver und dynamischer. Harte Konsonanten wie t, p, k, das Doppel-s, werden auch mit dem Begriff hart assoziiert. Also wird ein Entspannungstee kaum Ajax heißen. Bevor Sie sich aufs schwierige Terrain der Lautmalerei wagen, probieren Sie es, positive Gefühle zu wecken, indem Sie positiv besetzte Begriffe in Ihrem Namen verwenden. So wie Landliebe, Burgenstolz, Rotkäppchen, Merci und andere es vorgemacht haben.

(5) Er muss die richtigen Gefühle wecken: Machen Sie auch hier den Test im Freundeskreis mit der einfachen Frage: Was stellst du dir unter diesem Namen vor? Klingt er nach Erfolg, nach Sicherheit, nach Vertrauen, nach Zukunft? Nach Fitness, Wohlfühlen, Urlaub oder Entspannung? Wenn Sie es ganz gut machen wollen, erfassen Sie die Assoziationen auf einer Gefühlsmatrix. Das geht ganz einfach. Sie wählen 5 bis10 Adjektive und stellen diese ihrem Gegenstück gegenüber, also alt-jung, schnell-langsam, sicher-riskant, aufregend-beruhigend, zart-hart, innovativ-altbekannt, ungewohntvertraut. Verbinden Sie diese Adjektive mit einer Skala von 1 bis 6 und lassen Sie Ihre Testpersonen ankreuzen, ob der Name mehr die eine oder andere Eigenschaft ausdrückt. So entsteht ein Psychogramm Ihres Namens, das Ihnen zeigt, welche Gefühle er weckt und wo er völlig neutral wirkt. Dann stellen Sie sich jetzt die nächste Frage: Passen die erzeugten Gefühle überhaupt zur Geschäftsidee?

(6) Er muss zur Zielgruppe passen: Für diesen Test haben Sie vielleicht die falschen Freunde. Ihre Freunde sind über 30 und Sie möchten mit einem Shop für Handyklingeltöne starten? Fragen Sie lieber Schüler/innen! Denn beim Zielgruppentest gilt eines: die besten Informationen erhalten Sie von Ihren potentiellen Kunden. Und wenn Sie Serviceleistungen für Senioren anbieten, testen Sie Ihren Namen eben im Altersheim oder auf der Parkbank.

(7) Er muss kurz sein: Packen Sie in Ihren Namen bloß nicht zu viel rein. Beschränken Sie ihn auf maximal drei Silben. Oder acht Buchstaben. Und selbst dann kann er noch zu lang sein. Kurze Namen erfüllen die oben genannten Kriterien hinsichtlich Wahrnehmungs- und Merkfähigkeit viel leichter als Wortungetüme. Kurze Namen lassen sich größer und damit lesbarer und auffälliger gestalten. Sie werden es zu schätzen wissen, wenn Sie beginnen Visitenkarten, Werbeschilder und Briefbögen zu gestalten.

> **Profitipp:** Wenn Ihr Namen international verwendet werden soll, gehen Sie am besten zum Profi. Denn diese Namen müssen nicht nur zu Ihrem Unternehmen passen, sie müssen die genannten Anforderungen auf allen Märkten und in allen Sprachen erfüllen. Selbst eine so harmlose Bezeichnung wie MR2, der Name für ein Automodell von Toyota, kann tabu sein. So klingt diese Buchstabenkombination im Französischen exakt wie das französische Wort „merde" – zu deutsch „Scheiße".

Entdecken Sie die Möglichkeiten: Typen und Techniken der Namensfindung

Leider gibt es für die Namensfindung kein Patentrezept. Was aber gar nicht schlecht ist, denn je mehr Möglichkeiten und Techniken der Namensfindung es gibt, desto größer wird die Namensvielfalt. Und desto größer wird Ihre Chance, einen eigenständigen Namen für Ihr Unternehmen zu entwickeln.

Der eigene Name

Einer der besten Namen, den Sie für Ihr Geschäft finden können, ist unter Umständen ihr eigener. Wenn es in Ihrem Business in hohem Maße auf persönlichen Kontakt und den Aufbau von Vertrauen in Sie, Ihre Produkte oder Dienstleistungen ankommt, dann liegen Sie mit Ihrem eigenen Namen goldrichtig. Alle beratenden Tätigkeiten, aber auch die Herstellung von Lebensmitteln und zahlreiche andere Produkte und Dienstleistungen sind Vertrauensjobs. Da mögen es Konsumenten gerne, wenn jemand mit seinem guten Namen für die Qualität bürgt. Nicht nur Darboven, Otto (der vom Versandhaus) oder Siemens heißen nach ihren Gründern. Auch Beate Uhse machte dies so – als bewusstes Zeichen dafür, dass man sich weder für den Verkauf noch den Kauf von Erotikartikeln schämen muss.

Sprechende Namen

Das ist die Urform des Namens, denn schließlich hat seit dem Mittelalter jeder Name eine Bedeutung, Menschen wurden nach ihren Berufen, körperlichen Eigenheiten oder persönlichen Fähigkeiten benannt. Eine Technik, die Karl May exzessiv anzuwenden wusste. Den stärksten Puncher zwischen seinen Buchdeckeln nannte er einfach Old Shatterhand. Sprechende Namen sind sehr vielfältig: Apple, Orange, Puma, Tempo, Pelikan, Uhu, Frosch. Und aus zusammengesetzten Wörtern Pustefix, Polycolor, Zweckform. In manchen Fällen können diese sprechenden Namen auch noch beschreiben, was das Unternehmen oder Produkt leistet (Wash & Go) oder für wen es gemacht ist (Kinderschokolade).

Antike Namen

Gehen Sie zurück in die Antike und nennen Sie Ihre Schuhkollektion Nike, nach der Göttin der Siegreichen. Greifen Sie zu Ajax, wenn es blitzschnell blitzsauber werden soll. Lateinische oder griechische Begriffe sind so beliebt, weil die alten Sprachen nahezu universell sind – in allen Ländern auszusprechen. Nachteil: Götter und andere Helden dürften alle schon belegt sein. Wenn Sie trotzdem einen Nebengott ausgraben, der für Ihr Business stehen könnte, dann recherchieren Sie besser als VW dies tat. Die nannten ihr 2003 vorgestelltes Luxusmodell „Phaeton", nach dem Sohn des Sonnengottes Helios. Leider ergoss sich schon bald Spott und Häme über sie, weil dieser Jüngling durch Leichtsinn die Erde in Brand gesteckt hatte. Ein schlechter Namensvetter also.

Antike Namen sind bei Luxus- oder höherwertigen Konsumgütern (Lancia, Omega) weit verbreitet, ebenso wie bei Versicherungen (Albingia, Barmenia, Concordia, Cosmos, Securitas, Thuringia, Universa, Victoria).

Exotische Namen

Alles was fremdsprachig ist, übt den Reiz des Exotischen aus. Besonders beliebt sind Anglizismen, englische Namen für deutsche Firmen oder Produkte. Sei es T-Online oder Yello Strom. Sogar die Deutsche Post heißt jetzt World Net. An Red Bull ist nichts englisches – außer dem Namen.

Anglizismen sollen Modernität ausdrücken und sind vielleicht dann anzuraten, wenn Sie von Anfang an auf dem Weltmarkt antreten wollen. Achten Sie darauf, dass die englischen Begriffe, die Sie verwenden schon so gut eingebürgert sind, dass sie allgemein verstanden werden. Sie können also getrost von Beauty und Wellness sprechen, Mountainbikes verkaufen oder einen Skatershop betreiben. Aber als Bäcker sollten Sie nicht zur Bakery werden und wenn Sie eine Reinigungsfirma haben, muss die nicht gerade Cleaning Service heißen. Sollten Sie wirklich zu einem englischen Namen greifen, dann eine dringende Bitte: Fragen Sie einen Muttersprachler, um sicherzugehen, dass ihr selbst gewählter Begriff auch das bedeutet, was er bedeuten soll. Selbst mit dem Begriff Handy würden Sie sich in USA oder Großbritannien lächerlich machen. Es heißt dort cell phone oder mobile.

Französische und italienische Begriffe finden immer dann Verwendung, wenn es darum geht Stil, Genuss und Lebensart aus den Mittelmeerländern lebendig werden zu lassen. So werden italienische Begriffe gerne für die Bereiche Mode und Wohndesign verwandt: Casa Mobile, Casa Moda. Und manchmal findet man auch Anleihen bei den tulpenliebenden Nachbarn aus Holland. Wie sonst kam die Marke Katjes (kleine Kätzchen) zu ihrem Namen?

Patchwork-Namen

Entnehmen Sie aus Ihrem Vor- und Nachnamen ein paar Silben und fügen Sie diese zu einem wohlklingenden Ganzen zusammen. Wenn Sie das so machen, wie Herr Eduard Schoppe, dann heißt Ihr Laden „Eduscho" und Sie haben Sie sich eine Kaffeepause verdient. Nach dem Rezept arbeiteten die Unternehmer des Wirtschaftswunders öfter: Alno (Albert Nothdurft), Adidas (Adi Dassler). Man kann Silben aber auch anders zusammenkleben. Ein Stück von einem Namen und die Sachbezeichnung für Ihre Tätigkeit oder Ihr Produkt. Die Firma Nestlé hat so bereits den Nescafé und den Nestea erfunden. Oder Sie erweitern die Silbenfolgen aus Vornamen und Nachnamen um den Standort Ihres Geschäfts. Aus Hans Riegel, Bonn wurde so Haribo.

Akronyme

Das sind die Namen, die aus den Anfangsbuchstaben mehrerer Wörter gebildet werden. Eine Methode, die einfach funktioniert, aber nur selten erstklassige Ergebnisse hervorbringt.

Nicht mal jeder Zweite weiß, wofür SPD steht (war das jetzt gleich sozial, sozialistisch oder sozialdemokratisch?). Das Aneinanderreihen der Anfangsbuchstaben mehrerer Begriffe ist die unterste Stufe der Kreativleistung. Machen Sie um solche Namensgebung lieber einen großen Bogen. Jemand, der heißt wie eine Partei oder Krankenkasse, dürfte es schwer haben, positive Emotionen für sein Geschäft zu wecken. Und außerdem wer weiß schon, das EMW Erwin Mustermann Werbung heißen soll und MBS für Münchner Bügel-

Service steht? Bis das Ihre Kunden begriffen haben, sind ein paar Jahre ins Land gegangen und ein paar tausend Werbe-Euros völlig überflüssigerweise von Ihrem Konto verschwunden.

Beispiele für Akronyme sind SPD, CDU, LTU, AEG, AOL, IBM, MTV, ADAC, ÖAMTC.

Auch aus Akronymen kann ein Name werden: wenn sie ein leicht auszusprechendes Wort ergeben z. B. DEA, TUI, Obi.

Und man kann aus Akronymen auch einen sprechenden Namen machen:

- A. U. G. E. Arbeitsgemeinschaft Umwelt Gesundheit, Ernährung
- B. A. U. M. Bundesarbeitskreis umweltbewusstes Management
- DACH Name für eine länderübergreifende Zusammenarbeit Deutschland, Österreich, Schweiz.
- Ver.Di Vereinte Dienstleistungsgewerkschaft e. V.

Kunstnamen

Ariola, Eon, Vectra, Twingo, Offerto – alles Kunstnamen, die eines gemeinsam haben: sie bedeuten nichts. Wertvoll sind sie trotzdem. Als eigens erfundene Begriffe sind sie bei jedem Patentamt schutzfähig. Mit Sicherheit sind sie als Internetadresse noch frei. Und wenn der Kunstname gut gewählt ist, wird er der Zielgruppe Ihres Unternehmens vielleicht sogar irgendwann ans Herz wachsen. Selbst Spitzenkreative werden hier zu Höchstleistungen gefordert. Was nicht heißt, dass Sie nicht selbst den großen Wurf vollbringen können. Der Nachteil: Um einen Kunstnamen zu etablieren, sind oft hohe Werbeinvestitionen nötig.

Alles was Recht ist

Wie Sie Ihren Namen schützen können

Die wenigsten Gedanken müssen Sie sich um den Schutz Ihres Namens machen. Denn nach § 5 des Markengesetzes sind Unternehmensnamen, als geschäftliche Bezeichnungen, automatisch geschützt.

Dabei geht es nach dem Motto: wer zuerst kommt, mahlt zuerst. Für alle Unternehmen, die ins Handelsregister eingetragen werden, prüft das Registergericht, ob eine Verwechslungsgefahr mit gleich lautenden oder ähnlichen Namen am Anmeldeort bereits besteht. Eine Metzgerei Müller muss also nicht bundesweit einmalig sein – am Ort der Eintragung allerdings schon.

Und das ist die Kehrseite der Medaille, denn uneingeschränkten Schutz hat Ihr Name in so einem Fall nur in der Stadt oder Gemeinde, in der der Eintrag erfolgte.

Wenn Sie Ihren Namen also über den Ort der Eintragung hinaus verwenden wollen, lassen Sie ihn beim Patentamt als Marke registrieren. Dort erhalten Sie bundesweiten und gegebenenfalls europa- oder weltweiten Schutz für Ihren Namen. Aber Vorsicht: Auch dann sind Sie nicht hundertprozentig sicher, ob Sie mit Ihrem Namen nicht die Rechte anderer verletzen. Denn das Patentamt prüft nicht, ob die von Ihnen eingetragene Marke schon anderweitig bereits registriert wurde. Um dies in Erfahrung zu bringen, sollten Sie einen Patentanwalt aufsuchen. Er führt für Sie eine Recherche nach ähnlichen oder gleich lautenden, bereits registrierten Namen durch.

Wenn Sie im Handelsregister eingetragen sind

Dann gelten für Ihren Unternehmensnamen ein paar einfache Regeln:

Der Firmenname muss Unterscheidungskraft besitzen und damit einhergehend kennzeichnend wirken. Aus dem Namen muss das Gesellschaftsverhältnis (die Rechtsform) ersichtlich werden.

Die Rechtsform des Unternehmens erkennt man an den folgenden Zusätzen, die Bestandteil Ihres Namens werden:

- beim Einzelkaufmann der Zusatz „eingetragener Kaufmann", beziehungsweise Abkürzungen wie „e. K.", „e. Kfm." und „e. Kfr."
- bei den Personenhandelsgesellschaften die Zusätze „OHG", „KG" oder „GmbH & Co. KG"
- bei den Kapitalgesellschaften die Zusätze „AG", „GmbH" oder „Gesellschaft mbH".

Schließlich darf der Firmenname keine irreführenden Angaben enthalten, die etwa über die Größe des Unternehmens oder seine Tätigkeit täuschen würden. Was nichts anderes heißt als: Sie dürfen jeden Phantasienamen führen, sofern Sie die vorgeschriebenen Rechtsformsätze hinzufügen und keine Irreführung betreiben.

Wenn Sie Freiberufler oder Kleingewerbetreibender sind

Dann sind Sie nicht im Handelsregister eingetragen und müssen immer Ihren Vor- und Zunamen im Firmennamen anführen. Ein Namenszusatz ist jedoch erlaubt, egal ob Geschäftsbezeichnung oder Phantasiebegriff. Aber auch hier gilt: Irreführende Angaben über Größe oder Art des Unternehmens sind nicht erlaubt. Wenn Sie also als One (Wo)Man Show auf dem Markt agieren, firmieren Sie bitte nicht großspurig unter „Europa Werbung Liesl Müller".

Namen selber machen: Ein paar Profitricks, die Sie sofort beherrschen

Silben-Patchwork

Probieren Sie das Silben-Patchwork am besten mit Ihrem eigenen Namen aus. Schreiben Sie Ihren Vor- und Nachnamen, Ihren Geschäftsort auf ein Papier und zerlegen Sie ihn in verschiedene Silben. Schreiben Sie jede Silbe einzeln auf ein kleines Blatt Papier. Und jetzt fangen Sie an, die Blättchen hin und her zu schieben. Sie wissen doch: Hans Riegel Bonn = Haribo.

Und jetzt Sie! Sie meinen, es klappt nicht mit dem Wohnort? Dann tauschen Sie ihn aus gegen ein Wort, das Ihr Geschäft beschreibt. Mode, Heimtierbedarf, Werbung, Angelshop, Backwaren...

Buchstaben-Austausch

Sie kennen vielleicht die vermeintlich witzigen T-Shirts, auf denen Markennamen nur durch Austausch von ein oder zwei Buchstaben persifliert werden: Aus Volvo wird Vulva, aus Lord extra wird Mord extra.

Eine Methode, mit der man große Marken verunstaltet, dient genauso gut dazu hervorragende Namen zu gestalten. Mit italienischen Namen funktioniert das besonders gut, wie Sie an unserem

Beispiel folgender Begriffe sehen, die in der klassischen Musik als Tempobezeichnungen dienen: Allegro wird Allegra, Andante wird Andarte, Vivace wird Vivaco, Larghetto wird Barghetto, Lento wird Vento, Andantino wird Aldantino, Adagio wird Adavio. Vielleicht möchten Sie die Reihe noch fortsetzen. Allein bei Mozart gab es 180 verschiedene Tempibezeichnungen. Genügend Rohstoff für Ideen.

Zahlen-Spiele

Nach dieser Methode werden sichere Passwörter und eigenständige Namen gemacht. Kombinieren Sie Zahlen mit Wörtern und Sie finden mit Sicherheit eine völlig eigenständige Kombination. Schon in den 70er Jahren gab's die Creme21, als Alternative zur Nivea. Irgendwann kam einer auf die Idee mit der 24. Sie kennen Autoscout24, die Online-Autobörse. Huk24 – die Online-Versicherung. Heute gibt's den 1,2,3 Autoservice oder die 1&1 Internet AG. Und die kürzeste Kombination hat O2 – aber wie spricht man das eigentlich?

Gemeinsames Brainstorming, oder wie man einen zusammengesetzten Namen erfindet: Elvira und Sabine leben in einer Kleinstadt am Bodensee und wollen sich mit einem Shop für Bademoden selbstständig machen. Schon lange grübeln sie über den Namen für ihr Geschäft. Und sie haben auch schon eine erste Idee: E+S Bademoden soll er heißen. Aber irgendwann beschleichen sie dann doch Zweifel. „Gibt's da nicht noch mehr Ideen?" meint Elvira. „Shop klingt so nüchtern. Und Bademoden irgendwie altbacken." Heute wollen sie es systematisch angehen. Sie haben es sich am Esstisch bequem gemacht, vor ihnen liegt ein dicker Schmöker. „Synonym Wörterbuch" steht drauf. Das ist ihr Arbeitswerkzeug. Sie nippen am Cappuccino und los geht's.

Elvira sucht Synonyme für das Wörtchen „Bademode". Sabine sucht nach anderen Begriffen für den „Shop". Nach einer Viertelstunde legen sie ihre Ergebnisse nebeneinander und wollen einen zusammengesetzten Namen daraus konstruieren.

Lesen Sie, was dabei herauskam:

Bademoden	Beachware
Badebekleidung	Beachmode
Badeoutfit	Beachoutfit
Badeanzug	Strandmode
Bikini	Strandbekleidung

„Bikini klingt doch schon viel besser!" meinen beide. „Und Beachware ist viel moderner als Bademode." Sabine war mit ihren Assoziationen fast noch erfolgreicher, jedenfalls was die lange Liste an Einfällen angeht. Zu dem Wort „Shop" gibt es jedenfalls viele Alternativen. Hier sind sie:

Shop	Ausstellung
Laden	Kunst
Center	Oase
Zentrum	Wüste
Treff	Urlaub
Haus	Freizeit
Markt	Paradies
Bude	Land
Atelier	Insel
Galerie	Eiland
	Atoll
	Südsee

Die ersten 5 Minuten sprudelten die Begriffe nur so heraus, nach 15 Minuten war dann Schluss. Da half auch das Koffein nicht weiter. Aber Profis wissen, ein Brainstorming braucht Spontanität und Schnelligkeit. Und bringt in kürzester Zeit eine ganze Menge Begriffe hervor, die sich miteinander kombinieren lassen, zum Beispiel:

Beachware-Shop	Beachware-Markt
Beachware-Laden	Beachware-Bude
Beachware-Center	Beachware-Atelier
Beachware-Zentrum	Beachware-Galerie
Beachware-Treff	Beachware-Ausstellung
Beachware-Haus	Beachware-Kunst
Beachware-Oase	Beachware-Land
Beachware-Wüste	Beachware-Insel
Beachware-Urlaub	Beachware-Eiland
Beachware-Freizeit	Beachware-Atoll
Beachware-Paradies	Beachware-Südsee
Bikini-Shop	Bikini-Markt
Bikini-Laden	Bikini-Bude
Bikini-Center	Bikini-Atelier
Bikini-Zentrum	Bikini-Galerie
Bikini-Treff	Bikini-Ausstellung
Bikini-Haus	Bikini-Kunst

Bikini-Oase
Bikini-Wüste
Bikini-Urlaub
Bikini-Freizeit
Bikini-Land

Bikini-Paradies
Bikini-Insel
Bikini-Eiland
Bikini-Atoll
Bikini-Südsee

„Na ja", meinen die beiden. „Bikini-Wüste' ist ja wohl nicht so passend. Und ‚Bude' auch nicht. Aber ‚Bikini-Oase' klingt richtig toll." „Obwohl eine Oase doch in der Wüste ist und nicht am Strand", meint Sabine. „Das stimmt", wirft Elvira ein, „aber sieh dich doch mal um! Bikinikäuferinnen befinden sich doch in unserer Stadt auch in der Wüste. Die müssen ganz schön weit fahren, bis sie ein Geschäft mit unserer Auswahl finden." „Paradies ist aber auch schön! Bikini-Paradies!" „Ich finde das Wort ‚Südsee' so toll. Da fang ich an zu träumen, von weißem Strand, blauem Meer, strahlender Sonne und knackig braun gebrannten Körpern." Am Ende haben die beiden Gründerinnen zwei gute Ideen, zwischen denen sie sich entscheiden müssen. Entweder sie nennen ihren Laden einfach „Südsee", weil man da so herrlich ins Träumen kommt. Oder „Bikini-Oase".

Was das Logo überhaupt ist

Das Logo ist das wichtigste Erkennungszeichen Ihres neuen Unternehmens. Sobald Sie es in den Händen halten, wird es Sie jahrelang begleiten. Auf Visitenkarten, Briefbögen, auf Schildern, Fahrzeugen, im Internet, es wird Prospektseiten zieren oder Messestände. Es kann auf der Kleidung Ihrer Mitarbeiter auftauchen oder vielleicht als Bandenwerbung bei einem Sportereignis.

Mit anderen Worten, das Logo schafft für Sie Kontakte: Blickkontakte. Im günstigsten Fall wird es dem Betrachter ins Auge fallen und seine Werbebotschaft mitteilen, die lautet: Ich stehe hier für die Firma Sowieso, die in der Branche XY tätig ist.

Ach ja, denkt sich der Betrachter und vergisst sie wieder. Aber spätestens beim zweiten oder dritten Mal soll er sich an Ihr Firmenzeichen erinnern können. Was nur funktioniert, wenn es einprägsam genug ist.

Aber das Logo leistet mehr für Sie. Spätestens dann, wenn Sie die ersten Mitarbeiter einstellen, werden diese beginnen, sich mit dem Unternehmen und dem Logo als seinem Stellvertreter zu identifizieren. Zumindest werden sie es versuchen. Und wenn Ihr Logo nicht gerade so schlecht gestaltet ist, dass man sich dafür schämen muss, wird es ihnen sogar gelingen.

Last but not least arbeitet das Logo auch für Sie als Unternehmer/in. Es steht für Ihre Wünsche, Pläne, für Ihre Zielsetzungen, für Ihren Erfolg, für Ihre Positionierung auf dem Markt. Es ist ein visuelles Sammelbecken für alle Ihre Businessaktivitäten. Deshalb muss es zuallererst Ihnen gefallen.

Wenn Ihnen ein Grafiker weismachen will, ein grünes Logo sei genau das Richtige für Ihr Geschäft und Sie alle Farben außer Rot hassen, dann wählen Sie Ihr Logo in Rot. Wenn Ihnen ein Schriftvorschlag zu fett oder zu mager vorkommt, dann lassen Sie ihn ändern. Denn um das passende Logo für Sie zu finden, braucht es unter anderem Ihre Intuition.

Die Arten von Logos

Sehen Sie sich mal um, wenn Sie durch die Straßen gehen: überall Schriftzüge mit Firmen- und Produktnamen. Sie sind auf Plakaten, an Häuserwänden, auf Klingelschildern, auf Lieferwägen, die um die Ecke flitzen, im Geschäft, das Sie betreten oder sie zieren das Etikett des Pullovers, den Sie tragen.

Obwohl es so viele Logos um uns herum gibt, gibt es dennoch nur drei Grundformen von Logos.

Die Wortmarke

Schreiben Sie Ihren Namen auf ein Blatt Papier oder gestalten ihn am PC und drucken Sie ihn aus. Was Sie nun vor Augen sehen, ist ein Logo, als Wortmarke gestaltet. Eine Wortmarke ist nichts anderes als die Umsetzung Ihres Firmennamens in Schriftform. Vielleicht mit Ihrer genialen Schreibschrift gemalt, vielleicht kongenial von Ihrem Jüngsten hingekritzelt oder aus einer der Dutzend PC-Schriftarten gesetzt. Es ist ein Logo.

Viele Logos bekannter Firmen sind solche Wortmarken: die Weltkonzerne Sony und Microsoft, Siemens und Thyssen setzen ebenso auf Wortmarken wie Persil oder die Tagesschau. Die Vielzahl der zur

Abb. 7: Beispiele für bekannte Wortmarken

Verfügung stehenden Schriften und die Möglichkeiten, diese zu kombinieren und grafisch zu bearbeiten, lässt es zu, dass allein aus dem Schriftbaukasten einprägsame und unverwechselbare Logos entstehen können. Schriften können sogar Emotionen wecken, sie können leicht und heiter, stark und kräftig, altmodisch, bedrohlich, modern, elegant oder billig wirken. Aber noch mehr Emotionen wecken Bilder.

Die Bildmarke

Der Mercedes-Stern ist vielleicht die bekannteste Bildmarke Deutschlands oder der Kranich der Deutschen Lufthansa. Das Zeichen des angebissenen Apfels auf Ihrem Computer. Die drei Streifen auf Ihrem Schuh. Der springende Puma. Ja selbst der Kringel von Nike: alles Bildmarken. Ihnen allen gemeinsam ist eine hohe Verbreitung und eine Bekanntheit, die durch Millionen oder gar Milliarden an Werbegeldern erreicht wurde. Wenn eine Bildmarke so bekannt ist wie die genannten, dann entfaltet sie auch ihre voll-

Abb. 8: Beispiele für bekannte Bildmarken

en Vorzüge, sie löst sich vom Namensschriftzug, kann getrost auch ohne ihn verwendet werden. Sie sehen: drei Streifen. Sie wissen: Adidas.

Für Gründer sind Bildmarken nicht unbedingt die erste Wahl. Es dürfte viel zu lange dauern, mit einer Bildmarke genügend Bekanntheit zu erlangen. Und das Geld für den Aufbau der Marke sollten Sie in den Aufbau des Geschäfts stecken.

Aber ein paar wenige Gründe gibt es, wo die Verwendung einer Bildmarke die beste Idee ist, die Sie haben können: Wenn Sie Fuchs, Raabe, Maus oder Wal heißen oder sonst einen sympathischen Tiernamen tragen, dann nehmen sie den Namensgeber in Ihre Marke auf. Sie haben so ein sympathisches und besonders merkfähiges Unterscheidungsmerkmal der Konkurrenz voraus.

Kombinierte Wort-/Bildmarken

Besonders häufig werden Buchstaben und Bildelemente zu einer kombinierten Wort-/Bildmarke zusammengesetzt. Denken Sie an die duftende Kaffeebohne vor dem Namensschriftzug Tchibo. Oder an das Bayer-Kreuz in Leverkusen. Zwei Beispiele, in denen Schrift und Bild eine enge Verbindung eingehen.

Die Bildelemente haben entweder die Aufgabe, den Tätigkeitsbereich Ihres Unternehmens zu visualisieren: das Bild eines Kamins für einen Ofenbauer oder Kaminkehrer, die Reifen für den Reifenhändler, der Brotkorb für die Bäckerei. Manchmal haben sie auch

Abb. 9: Beispiele für bekannte Wort-/Bildmarken

Symbolcharakter: der Regenbogen von Greenpeace, die Sonnenblume der Grünen, die Friedenstaube, ein rotes Herz. Das sind Symbole, deren Sprache jeder versteht.

Was? Ihr Grafiker hat Ihnen ein Symbol mit Rauten, Pfeilen oder Kringeln vorgelegt? Lassen Sie den Entwurf zurückgehen. Es gibt eine Menge Zierrat, der von Grafikern derzeit zu Wortmarken als visuelles Element dazugesetzt wird. Aber diese zusätzlichen Bildelemente haben keinen Nutzen für Sie, da sie nichts aussagen. Manchmal widersprechen die Grafiker in diesem Punkt. „Doch, doch der aufwärts gerichtete Pfeil bedeutet sehr wohl etwas. Nämlich, dass Ihr Unternehmen aufwärts strebt." Wenn Sie wollen, glauben Sie das, aber Ihr Kunde wird es nicht bemerken. Für ihn ist ein Pfeil ein Pfeil. Wenn Sie Bildelemente mit Symbolcharakter verwenden wollen, dann achten Sie darauf, dass jedes Kind Ihre Botschaft versteht.

Worauf es bei Logos ankommt

Ein gutes Logo ist einfach

Ein gutes Logo muss binnen Sekundenbruchteilen vom Betrachter erkannt und wieder erkannt werden. Die verwendeten Schriften sind klar lesbar – auch aus größerer Entfernung. Sofern es sich um eine Bildmarke oder Wort-/Bildmarke handelt, weiß man auf den ersten Blick, was sie bedeutet. Komplizierte Formen, filigrane Bildelemente – das ist beim Logo tabu. „Ein gutes Logo ist so einfach, dass man es mit dem großen Zeh in den Sand kratzen kann...!" (Prof. Kurt Weidemann)

Ein gutes Logo funktioniert überall

- farbig und in schwarz-weiß
- auf Großflächen
- in Daumennagelgröße
- im Zeitungsdruck
- im Internet
- per Fax-Übermittlung
- als ein- oder mehrfarbiger Stempel
- als Folienbeschriftung

Ein gutes Logo ist einfarbig

Verwerfen Sie alle Logos, die aus zwei oder mehr Farben bestehen. Jede Druckfarbe kostet Sie später bares Geld. Ein Logo muss zuallererst in schwarz-weiß funktionieren – wenn Sie wollen auch in einer anderen Farbe. Erst dann können Sie sicher sein, es universell einsetzen zu können.

Finger weg von Sonderfarben

Beim herkömmlichen Druckverfahren werden alle Farben aus den vier Druckfarben Cyan, Magenta, Gelb und Schwarz gemischt. Zusätzlich kann man im Offsetdruck Sonderfarben verwenden und so einen Farbton auf jeder Druckmaschine exakt treffen. Der Nachteil: Im für kleine Auflagen günstigen Digitaldruckverfahren gibt es diese Sonderfarben nicht, er baut einzig und allein auf den vier Grundfarben auf. Wenn Sie also ein farbiges Logo verwenden, dann achten Sie darauf, dass es aus der besagten 4-Farb-Skala erzeugt ist. Nur so können Sie über alle Drucksachen ein einheitliches Ergebnis ohne Farbschwankungen sicherstellen.

Auch wenn es Ihnen originell und einzigartig erscheint, lassen Sie sich kein Logo in Elfenbein-Metallic oder anderen exotischen Farben entwerfen. Ein solches Logo lässt sich nicht reproduzieren. Oder haben Sie schon mal einen Stempelaufdruck mit Metallicfarbe gesehen?

Einfarbig ist nicht eintönig

Auch wenn Sie nur eine einzige Farbe, z. B. Schwarz verwenden, können Sie einen „mehrfarbigen" Eindruck erzielen. Denn jede im Vollton verwendete Farbe lässt sich aufrastern. Und das geht so:

- 100 % schwarz = Vollton-Schwarz
- 80 % schwarz = anthrazitgrau
- 60 % schwarz = mausgrau
- 40 % schwarz = hellgrau

Genauso können Sie mit jeder anderen Farbe diese Farbabstufungen erzielen; vom dunklen zum hellen Blau oder vom Rot zum Rosa. Das Schöne ist, wenn Sie später Ihr Logo drucken lassen, verwenden Sie mehrere Farbabstufungen, bezahlen aber nur eine Farbe.

Size does matter

Lassen Sie sich Ihr Logo in einer maximalen Breite von 4 cm präsentieren. Warum? Weil dies die kleinste Darstellungsform ist, in der Sie es verwenden sollten. Vielleicht wollen Sie in Kürze Anzeigen veröffentlichen? In Tageszeitungen beträgt die minimale Breite einer Anzeige 40 mm. Und da sollte Ihr Logo reinpassen. Betrachten Sie es aufmerksam. Ist es noch lesbar? Sofern es Bildelemente enthält: sind diese zur Unkenntlichkeit geschrumpft?

Wenn ein Logo in dieser Größe nicht funktioniert, werfen Sie es sofort weg. Sie brauchen ein neues.

Der Fax-Test

Lassen Sie sich den Logo-Entwurf in der angegebenen Größe von maximal 4 cm Breite präsentieren. Nehmen Sie den Entwurf und legen ihn ins Faxgerät. Achten Sie darauf, dass Ihr Faxgerät auf niedrigste Auflösung eingestellt ist. Dann drücken Sie die Kopiertaste. Betrachten Sie das Ergebnis Ihres gefaxten Logos. Sind Buchstaben oder Zeichen zu einem schwarzen Klecks verschmolzen? Dann kann dies für Abhilfe sorgen: Setzen Sie die Schrift etwas größer. Vergrößern Sie die Buchstabenabstände. Verwenden Sie eine dünnere Schrifttype. Fehlen Teile des Logos oder sind nur schwach erkennbar? Dann verwenden Sie dunklere Farben oder Volltonfarben. Lassen Sie die Konturen kräftiger zeichnen.

Was Farben sagen

Über die Wirkung von Farben lassen sich in jeder gut sortierten Stadtbibliothek sicher ein paar Dutzend Bücher auftreiben. Mit Farben beschäftigen sich nicht nur Maler und Werbeleute, sondern auch Psychologen, Esoteriker, Traumdeuter oder Feng Shui-Anhänger.

Für Werbezwecke interessiert uns, wie Farben wirken, welche Botschaft sie übermitteln und wie wir sie einsetzen, um die gewünschte Wirkung beim Betrachter zu erzielen. Aber Vorsicht: Die Wirkung der Farben ist in jedem Kulturkreis und vielleicht auch von Land zu Land verschieden.

- **Rot:** Die Farbe von Leidenschaft, Aktivität, Hitze, Temperament, Sex. Eine Signalfarbe, die für Sonderangebote wirbt, aggressiv und auffällig ist, aber auch billig wirken kann.
- **Grün:** Grün steht für Leben, Natur, Wachstum Fruchtbarkeit, Aktivität, Erneuerung, Hoffnung. Eine dynamische Farbe ohne Aggressivität. Als Ampelfarbe hat sie Signalcharakter.
- **Blau:** Kühle, Vernunft, Treue, Verlässlichkeit, Weite, Sauberkeit und Offenheit. Blaue Farben sind in der Metallindustrie weit verbreitet, aber auch bei Versicherungen oder in der Pharmazie.
- **Schwarz-Weiß:** Neutral, sachlich, klar, lesbar.
- **Gelb:** Licht, Helligkeit, Wärme, Wissen, Vernunft mit einem Touch Aggressivität. Als Signalfarbe immer dann im Einsatz, wenn Vorsicht und Achtung verlangt werden.
- **Grau:** Neutral, zurückhaltend, elegant, zuverlässig, konservativ, sachlich.
- **Orange:** Licht, Optimismus, Aktivität, Dynamik, Wärme und Aufgeschlossenheit.

Die Gestaltung der Geschäftspapiere

Zu den Geschäftspapieren gehören beispielsweise Briefbögen, Fax-Nachrichten, Lieferscheine, Rechnungen, Auftragsbestätigungen, Preislisten, Quittungen. Eine Menge unterschiedlicher Papiere, die aber zum Glück alle auf einem Standarddokument basieren: Ihrem Briefbogen. Es gibt keine Vorschrift, die Ihnen verbieten würde, Ihren Standardbriefbogen durch den Eindruck des Wörtchens Lieferschein in einen Lieferschein zu verwandeln. Eigene Fax-Formulare wie sie Behörden oder Großfirmen verwenden – völlig überflüssig. Senden Sie Ihren Brief durchs Faxgerät – niemand wird daran Anstoß nehmen.

Gerade weil Ihr Briefkopf so vielseitig verwendbar ist – widmen Sie seiner Gestaltung genügend Aufmerksamkeit!

DIN-Norm für Briefköpfe

In Deutschland ist ja bekanntlich vieles geregelt, damit man sich nicht mehr den Kopf zerbrechen braucht. Kein Wunder, dass es eine

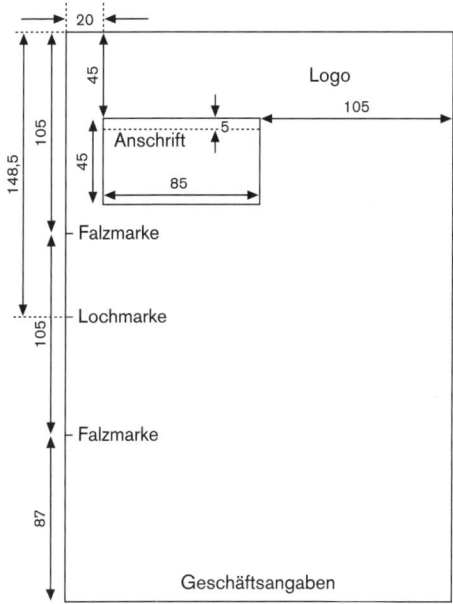

Abb. 10: Briefbogen nach DIN

DIN-Norm für Briefbögen gibt. Sie legt fest, wie groß ein Standardbriefbogen ist, nämlich DIN A4. Sie gibt an, wo er gefaltet wird, um
anschließend perfekt in die ebenfalls genormten Briefhüllen mit
Sichtfenster zu passen. Und sie zeigt auf, wo Sie genügend Freiraum
zur Gestaltung haben.

Die Pflichtangaben auf Ihrem Geschäftsbrief

- **Nichtkaufleute:** Nicht im Handelsregister eingetragene Gewerbe-
  treibende gelten als Nichtkaufleute; sie müssen auf den Geschäftsbriefen ihren Familiennamen mit mindestens einem ausgeschriebenen Vornamen angeben (§ 15 b GewO). Außerdem muss
  im Brief eine ladungsfähige Anschrift angegeben sein. Haben sich
  mehrere Nichtkaufleute zu einer BGB-Gesellschaft zusammenge-
  schlossen, müssen die Namen und Anschriften aller Gesellschafter angegeben werden.
- **Kaufleute:** Das Handelsrechtsreformgesetz sieht eine Vereinheit-
  lichung der Angaben auf Geschäftsbriefen aus Gründen der Sicherheit des Geschäftsverkehrs für alle kaufmännischen Unternehmen vor.

Danach sind für alle Kaufleute folgende Angaben zwingend vorgeschrieben:
- die vollständige Firmenbezeichnung in Übereinstimmung mit dem
  im Handelsregister eingetragenen Wortlaut,
- die Rechtsform der Gesellschaft (OHG, KG, GmbH, AG), beziehungsweise den die Kaufmannseigenschaft kennzeichnenden Zusatz eingetragener Kaufmann, eingetragene Kauffrau oder eine
  Abkürzung wie e. K., e. Kfm., e. Kfr.,
- der Sitz der Gesellschaft,
- das Registergericht des Sitzes der Gesellschaft und die Handelsregisternummer.

(a) zusätzlich bei Personenhandelsgesellschaften (OHG und KG),
bei denen kein Gesellschafter eine natürliche Person ist ein Hinweis
auf die Haftungsbeschränkung (GmbH & Co., OHG, GmbH & Co.
KG), die Firmen der Gesellschafter sowie für die Gesellschafter:
- die Rechtsform,
- der Sitz,

- das Registergericht des Sitzes und die Handelsregisternummer,
- den oder alle Geschäftsführer beziehungsweise Vorstandsmitglieder mit Familiennamen und mindestens einem ausgeschriebenen Vornamen,
- sofern ein Aufsichtsrat gebildet und ein Vorsitzender bestellt ist, Familienname und mindestens einen ausgeschriebenen Vornamen des Vorsitzenden.

(b) zusätzlich bei der Rechtsform GmbH:
- alle Geschäftsführer mit Familiennamen und mindestens einem ausgeschriebenen Vornamen;
- sofern ein Aufsichtsrat (Beirat) gebildet und ein Vorsitzender bestellt wurde, Familienname mit mindestens einem ausgeschriebenen Vornamen des Vorsitzenden.

(c) zusätzlich bei der Rechtsform AG:
- alle Vorstandsmitglieder mit Familiennamen und einem ausgeschriebenen Vornamen;
- der Vorsitzende des Vorstandes ist als solcher zu benennen;
- den Vorsitzenden des Aufsichtsrates mit dem Familiennamen und mindestens einem ausgeschriebenen Vornamen; befinden sich die GmbH oder die AG in Liquidation, treten die Liquidatoren an die Stelle der Geschäftsführer, was ebenfalls auf dem Geschäftsbrief anzugeben ist.

Und jetzt zur Kür

Nachdem allen rechtlichen Vorschriften genügt wurde, sollte man eines nicht vergessen: jedes Geschäftspapier kann und soll der Werbung für Ihr Geschäft dienen. Zögern Sie deshalb nicht, von allen Möglichkeiten der Gestaltung durch Grafik oder Text Gebrauch zu machen.

Auch das sind Pflichtangaben – nicht aus rechtlicher Sicht, sondern in Ihrem eigenen Interesse:
- die Angabe von Durchwahl-Nummern, um Sie direkt erreichen zu können
- die Angabe der Mobilfunknummer für den Rundum-Service
- die Angabe Ihrer Homepage
- die Angabe Ihrer E-Mail-Adresse(n)

Briefbögen: Ihre preiswertesten Werbeträger

Üblicherweise stehen Ihnen der Kopf- und der Fußbereich des Briefes zur Gestaltung zur Verfügung. Was aber eigentlich zu wenig ist. Stellen Sie sich Ihren Brief unter vielen anderen, abgeheftet in einem DIN-A4-Ordner vor. Beim schnellen Durchblättern des Ordners würde er sofort auffallen, wenn sein rechter Rand hervorgehoben wäre: durch Schrift, durch Grafikelemente wie einen farbigen Balken beispielsweise. Nutzen Sie also die rechte Briefseite, um Ihren Brief aus der Masse hervorzuheben.

Vorsicht bei Gestaltungen, die bis in den Rand hineingehen, die Gestalter nennen diese „randabfallend". Sie verlangen vom Drucker Ihren Briefbogen nach dem Druck millimetergenau zuzuschneiden, schon der winzigste Versatz kann störend wirken.

Aber selbst in dem für Text vorgesehenen Feld des Briefes können Sie durch Gestaltung Unverwechselbares schaffen. Wenn Sie dieses in einem leichten Grau bedrucken oder Ihr Logo entsprechend hell in diesen Hintergrund platzieren, bleibt Ihre darüber gedruckte Korrespondenz weiter lesbar und Sie haben Ihre Gestaltungsfläche auf den ganzen Brief ausgedehnt.

Ergänzen Sie jeden Geschäftsbrief durch ein P. S., mit dem Sie z. B. auf aktuelle Angebote hinweisen:

- Wenn Sie einen Slogan haben, setzen Sie ihn unter das Logo.
- Sie haben Warenzeichen oder Patente? Lassen Sie diese nicht unerwähnt.
- Haben Sie Kooperationspartner oder sind Mitglied in Berufsverbänden?
- Haben Sie besondere Preise und Auszeichnungen erhalten?
- Sie haben eine neue Dienstleistung oder ein neues Produkt – drucken Sie den Hinweis auf jedes Geschäftspapier, das Ihre Firma während eines von Ihnen definierten Aktionszeitraumes verlässt.
- Sie nehmen auf Messen teil: Sagen Sie es!

Selbstverständlich haben Briefe auch eine Rückseite. Warum diese nicht mit einem Kurzporträt Ihres Unternehmens, mit Pressestimmen, Hinweisen auf Auszeichnungen bedrucken? Genauso gut ist es, die Rückseite mit den Allgemeinen Geschäftsbedingungen zu versehen, der eleganteste Weg, diese jedem Angebot und jeder Auftragsbestätigung untrennbar beizufügen.

Briefbögen drucken lassen oder selber drucken?

Gut, wenn Sie Ihr Logo in Schwarz-Weiß oder Grau gestaltet haben. Die modernen Laserdrucker machen es ohne weiteres möglich, gestochen scharf und ohne Qualitätsverlust Ihren Briefbogen selbst zu drucken.

Wenn Sie ein farbiges Logo haben, kommen Sie an einem Gang zur herkömmlichen Druckerei nicht vorbei.

Lassen Sie aber auf jeden Fall nur Ihr Logo und gegebenenfalls den dazugehörigen Slogan eindrucken. Alle anderen Angaben zu Ihrem Geschäft – von Bankverbindung bis Postanschrift – drucken Sie auf dem Laserdrucker selbst. Richten Sie dazu die entsprechenden Dokumentvorlagen in Ihrem Textverarbeitungsprogramm ein.

So setzt man Geschäftsangaben richtig

Wenn Sie Geschäftsangaben auf dem Briefbogen selber setzen, ist es wichtig, die allgemein gültigen Schriftsatzregeln zu beachten. Das sind sie:

Postleitzahlen: Postleitzahlen werden fünfstellig ohne Leerzeichen angegeben.
- 78464 Konstanz
- 88045 Friedrichshafen

Postfachnummern: Sie werden von der letzen Ziffer ausgehend in Zweiergruppen durch ein Leerzeichen getrennt.
- Postfach 1 23
- Postfach 12 34
- Postfach 1 23 45

Telefon- und Faxnummern: Ortskennzahlen, Landesvorwahlen sowie Einzelanschlüsse bzw. Durchwahlnummern werden durch ein Leerzeichen getrennt. Durch einen Bindestrich werden Durchwahlnummern gekennzeichnet.

- 0123 456789
- 0123 456–0
- 0123 456–100
- +49 0123 456–100 (internationale Schreibweise)

Bankleitzahlen: Ihre Gliederung erfolgt von links nach rechts in zwei Dreier- und einer Zweiergruppe.
- BLZ 123 456 78

Kontonummern: Kontonummern werden in der Regel von rechts beginnend in zwei Dreiergruppen gegliedert. Häufig werden die Zahlen auch in Zweiergruppen dargestellt.
- 1234 567 890 oder
- 12 34 56 78

Handelsregisternummern: Handelsregisternummern werden nicht gegliedert.
- Amtsgericht Ravensburg HRB 12345

Erzeugen Sie keinen Schriftenwirrwarr. Auch wenn Ihr Computer Dutzende Schriftarten und Möglichkeiten der Hervorhebung hat, machen Sie es wie die Profis: Nie mehr als 2–3 verschiedene Schriften auf einer Seite. Die Wahrnehmungschance Ihrer Botschaft wird durch ein Zuviel an Schriften nämlich nicht gesteigert, sondern reduziert.

Wie viel soll ich drucken lassen?

Drucken Sie nie weniger als 1.000 Exemplare und für den Anfang, wenn Sie Ihren Bedarf gar nicht einschätzen können, auch nicht mehr. Ein Papierlager, das erst in ein paar Jahren verbraucht ist, ist totes Kapital für Sie.

Jede Menge unter 1.000 Stück kostet Sie nur unwesentlich weniger, die Kosten für das Einrichten der Maschinen und den Druckvorgang sind so genannte Grundkosten, die unabhängig von der Stückzahl anfallen. Sie werden schnell feststellen nach wie viel Tagen, Wochen oder Monaten diese Erstauflage von 1.000 Stück verbraucht ist. Errechnen Sie dann den Bedarf für ein halbes oder ganzes Jahr und lassen sich für die entsprechenden Stückzahlen Angebote von Druckereien unterbreiten.

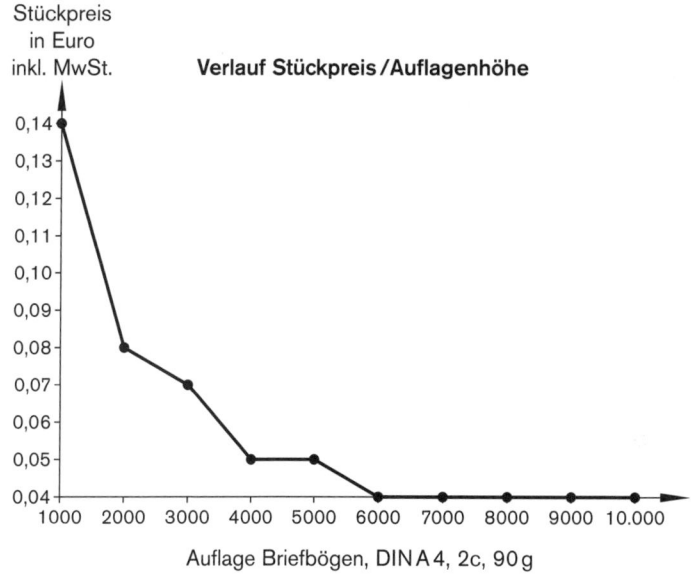

Abb. 11: Stückkosten und Auflage

Mit zunehmender Auflage sinken die Stückkosten für Ihre Briefbögen, eine Tatsache, die für die meisten Druckerzeugnisse gilt. Versuchen Sie durch die Einholung von Angeboten herauszufinden, in welcher Auflagenhöhe der Stückpreis am niedrigsten ist und ab wann eine Erhöhung der Auflage keine Kostenvorteile mehr bringt.

Visitenkarten

Es gibt Visitenkarten, die sehen aus wie Grabsteine. So seriös und dezent, dass man kaum glauben kann, dass sie ein quicklebendiges Unternehmen repräsentieren. Sicher, eine Visitenkarte ist nicht groß und neben Logo, Name, Anschrift, den Angaben zu den üblichen Kommunikationsverbindungen, Berufs- oder Funktionsbezeichnung, ist sie rasch gefüllt. Aber erstens lässt sich auch das gut gestalten. Und zweitens hat eine Visitenkarte noch eine Rückseite, auf der Sie beispielsweise folgende Informationen platzieren können:

- Anfahrtsskizze
- Foto Ihres Geschäfts
- Foto von sich selbst
- Foto eines Produkts
- URL Ihrer Homepage
- saisonale Angebote
- Hinweise auf besondere Leistungen Ihres Geschäfts
- …und vieles mehr.

Das optimale Format

Visitenkarten im Scheckkartenformat sind optimal. Bedenken Sie, dass Visitenkarten in Karteikästen, Organizern, speziellen Visitenkartensammlern oder Sichthüllen abgelegt werden. Eine Karte im besagten Format passt in alle Aufbewahrungssysteme und darüber hinaus noch in den Geldbeutel.

> Geben Sie kein Geld für übergroße, geprägte, gestanzte oder gefalzte Klapp-Visitenkarten aus. Der kurzfristige Aha-Effekt lohnt die Mehrkosten nicht. Seien Sie lieber großzügig bei der Verteilung Ihrer Karten.

Welche Rolle Papiere spielen

Nicht nur das Sehen, auch das Fühlen spielt bei Papieren eine wichtige Rolle. Wenn es also bei Ihrem Unternehmen darum geht, die Sinne anzusprechen, dann können Sie schon durch besondere Papiere auf das sinnliche Vergnügen aufmerksam machen, das den Kunden bei Ihnen erwartet. Ausgefallenere Papiere sind demnach geeignet für Hotels, Gastronomie, Floristen, Gärtnereien, Schreiner, Maler, Möbelgeschäfte, Galerien und viele mehr. Recycling-Papiere, holzhaltige Papiere, aber auch Papiere mit Strukturprägungen sind geeignet den kreativen, handwerklichen oder natürlichen Touch eines Geschäfts zu unterstreichen. Andererseits handelt man sich mit diesen Papieren eine Menge Alltagsärger ein, sie werden von Printern und Faxgeräten nur mühsam eingezogen, lassen sich manchmal schlecht kopieren. Aber auch in dem Fall, wo sie von Ihrem Druckgerät verarbeitet werden, müssen Sie sich über höhere Wartungskosten bis hin zum Totalausfall Ihrer Hardware nicht wundern. Holzhaltige Papiere haben einen Faserabrieb, der sich als Staub in Ihren Geräten niederschlägt.

Corporate Design: Das einheitliche Aussehen aller Werbemittel

Geben Sie Ihren Geschäftsdrucksachen, wie Briefbögen und Visitenkarte ein einheitliches Erscheinungsbild. Grafik-Profis nennen es „Corporate Design", abgekürzt „CD". Es bedeutet, dass Größe und Platzierung Ihres Logos, die Verwendung von Schriften und Farben nach einheitlichen Kriterien erfolgen. Nur ein einheitliches Erscheinungsbild kann für Wiedererkennung bei Ihren Geschäftspartnern sorgen. Es ist somit eine Grundlage für Ihren erfolgreichen Auftritt am Markt.

Corporate Design – was alles dazu gehört

Ein einheitliches Erscheinungsbild beschreibt eine ganze Menge:
- Art des Logos
- Größe und Platzierung des Logos (rechts, links, mittig, oben, unten)
- Verwendung eines Slogans und seine Platzierung in Verbindung mit dem Logo
- Art der verwendeten Schrifttype: Auch durch die Verwendung unterschiedlicher Schrifttypen können Sie die Wahrnehmung Ihres Unternehmens beeinflussen. So wählen konservative Firmen, die vor allem Vertrauen, Sicherheit und Wertbeständigkeit ausdrücken wollen, eher klassische Schriften. Wer modern und innovativ sein will, wählt eine modernere Schriftvariante. Aber achten Sie trotzdem auf die Lesbarkeit.
- Größe und Stil der verwendeten Schriften (mager, fett, kursiv): Die Größe und der Stil der Schrift kann ihre Wirkung stark beeinflussen. Wählen Sie solche Varianten nicht willkürlich aus,

HEIDELBERG

Heidelberg Gothic	Handgloves 1234567890
Heidelberg Gothic Italic	*Handgloves 1234567890*
Heidelberg Gothic Bold	Handgloves 1234567890
Heidelberg Gothic Bold Italic	***Handgloves 1234567890***
Heidelberg Antiqua	Handgloves 1234567890
Heidelberg Antiqua Italic	*Handgloves 1234567890*
Heidelberg Antiqua Bold	**Handgloves 1234567890**
Heidelberg Antiqua Bold	*Handgloves 1234567890*

Abb. 12: Beispiel Erscheinungsbild Heidelberger Druckmaschinen,
Quelle: www.metadesign.de

sondern legen diese einheitlich fest. Wie groß sind Überschriften?
Wie wollen Sie Hervorhebungen im Text gestalten?

- Anordnung von Namen und Adresse
- Einsatz von Farben: Farben können vom Verbraucher, wenn
  Sie konsequent verwendet werden, spontan einem bestimmten
  Unternehmen zugeordnet werden. Ferrari = Rot, Aral = Blau,
  Milka = Lila. Achten Sie daher auf einen einheitlichen Farbein-
  satz.

Das Beispiel des Druckmaschinenherstellers Heidelberg in der
obigen Abbildung zeigt, wie Schriftarten und Einsatzarten des Logos festgelegt werden.

Um den unverwechselbaren Werbeauftritt Ihres Unternehmens sicherzustellen, sollten Sie bei allen Medien und Werbemitteln auf diese Grundlagen zurückgreifen. Sorgen Sie aktiv dafür, dass die verwendeten Elemente immer wieder auftauchen. Integrieren Sie Ihr Logo im Schaufenster, im Laden, auf den von Ihnen hergestellten Produkten, verwenden Sie Ihre Unternehmensfarbe bei der Inneneinrichtung, Fassaden- oder Raumgestaltung ebenso wie bei Ihren Fahrzeugen. Greifen Sie bei Ihren ersten Anzeigen und Prospekten auf dieselben Schriften zurück, die Sie auf Ihrem Briefbogen verwenden. Je unverwechselbarer Sie sind, desto schneller steigern Sie Ihren Wiedererkennungseffekt und damit Ihren Bekanntheitsgrad.

Gut und günstig – Geschäftsdrucksachen und das Papiergewicht

Papiergewicht, was ist das überhaupt? Papiere haben ein so genanntes Papiergewicht. Seine Gewichtsangaben beziehen sich auf die Maßeinheit 1 qm. Um festzustellen wie viel ein DIN-A4-Briefbogen wiegt, für den Sie beispielsweise ein Papier mit einem Gewicht von 100g/qm verwenden, sehen Sie in der unten stehenden Tabelle nach.

Die Tatsache, dass Papier mehr oder weniger schwer wiegt, hat seinen Grund in der Papierstärke, aber auch in bestimmten Papierveredelungsvorgängen, wie Beschichtungen etc.

Ein Papier, das sich stärker anfühlt, wiegt in der Regel schwerer. Stärkere Papiere werden als edler empfunden und deshalb für hochwertige Drucksachen herangezogen. Ein Umstand, der erklärt, weshalb Urkunden oder Prospekte für Luxusartikel beinah schon Kartonstärke erreichen.

> **Profitipp:** Wählen Sie bloß nicht zu starke Papiere. Je schwerer das Papier, desto höher der Preis. Das gilt nicht nur beim Druck. Sondern auch, wenn Sie Briefe mit Prospektbeilagen versenden möchten. Denn mehr Gewicht bedeutet beim Versand auch höhere Portokosten.

Wie viel wiegt ein Blatt Papier?

Papier-gewicht	A0	A1	A2	A3	A4	A5	A6
Format	1189 × 841 mm	841 × 594 mm	594 × 420 mm	420 × 297 mm	297 × 210 mm	210 × 148 mm	148 × 105 mm
50 g/qm	50,0 g	25,0 g	12,5 g	6,3 g	3,2 g	1,6 g	0,8 g
60 g/qm	60,0 g	30,0 g	15,0 g	7,5 g	3,8 g	1,9 g	1,0 g
70 g/qm	70,0 g	35,0 g	17,5 g	8,8 g	4,4 g	2,2 g	1,1 g
80 g/qm	80,0 g	40,0 g	20,0 g	10,0 g	5,0 g	2,5 g	1,3 g
90 g/qm	90,0 g	45,0 g	22,5 g	11,3 g	5,7 g	2,9 g	1,5 g
100 g/qm	100,0 g	50,0 g	25,0 g	12,5 g	6,3 g	3,2 g	1,6 g
150 g/qm	150,0 g	75,0 g	37,5 g	18,8 g	9,4 g	4,7 g	2,4 g
300 g/qm	300,0 g	150,0 g	75,0 g	37,5 g	18,8 g	9,4 g	4,7 g
500 g/qm	500,0 g	250,0 g	125,0 g	62,5 g	31,3 g	15,7 g	7,9 g

Empfehlungen für Papiergewichte

- Briefbogen: 80–110 g
- Visitenkarte: 250–300 g
- Postkarte: 250–300 g
- Flyer, Werbezettel: 110 g
- Imageprospekte: 135–200 g

Die Druckverfahren und wie Sie sie richtig nutzen

Für die Herstellung von Drucksachen wie Geschäftspapieren oder Prospekten gibt es mittlerweile drei gebräuchliche Druckverfahren, die Sie ganz nach Ihren Anforderungen nutzen können.

Offsetdruck

Der Offsetdruck bietet die höchstmögliche Qualität, egal ob bei einfarbigen, vier- oder sogar mehrfarbigen Drucksachen. Er ist ideal, um Bilder in höchster Qualität zu reproduzieren. Sein Nachteil: das Druckverfahren erfordert oftmals noch teure Druckfilme sowie längere Einrichtungszeiten. Deshalb machen sich Kostenvorteile des Offsetdrucks erst ab einer Auflagenhöhe von ca. 1.000 Stück bemerkbar.

Digitaldruck

Der Digitaldruck bietet annähernd die gleiche Druckqualität wie das Offsetdruckverfahren. Sein Einsatzgebiet sind ebenfalls hochwertige Farbdrucke oder „personalisierte Prospekte", in denen Sie beispielsweise den Empfängernamen eindrucken können. Die Erstellung teurer Druckvorlagen oder die Einrichtungskosten der Druckmaschine entfallen beim Digitaldruck. Für dieses Druckverfahren benötigen Sie lediglich Daten, die in digitaler Form, z. B. auch als Word-Dokument vorliegen können. Der Digitaldruck ist in Auflagen unter 1.000 Stück meist preiswerter als Offsetverfahren. Trocknungszeiten der Farbe wie beim Offsetdruck entfallen ebenfalls. Deshalb können Sie Digitaldrucke auch unmittelbar nach dem Druck für Werbeeinsätze verwenden.

Schnelldruck

Auch der Schnelldruck produziert gute Druckergebnisse – allerdings nur im Bereich von Schwarz-Weiß oder einfarbigen Drucksachen. Auch Graustufen – bei Verwendung von Schwarz-Weißabbildungen – werden sehr gut wiedergegeben. Für den Schnelldruck benötigen Sie entweder Daten wie beim Digitaldruck oder eine Druckvorlage auf Spezialfolie. Die können Sie übrigens, wenn Sie einen Laserdrucker haben, auch leicht selbst herstellen. Entsprechende Folien hat Ihre Druckerei.

Low Budget Tipps für Ihre Geschäftspapiere

Standards

Wählen Sie die gängigen Standards für Ihre Geschäftspapiere – sowohl was Formate als auch Papier angeht. Achten Sie darauf, dass Ihr Briefpapier für alle von Ihnen verwendeten Drucker, Fax- und Kopiergeräte geeignet ist. Sie schaffen so Einheitlichkeit und reduzieren die Stückkosten durch „Großeinkauf".

Selbst drucken

Drucken Sie alle veränderlichen Angaben auf Ihrem Briefbogen wie Adresse, Bankverbindung, Telefonnummer mit Ihrem eigenen Bürodrucker ein. Lassen Sie von der Druckerei nur Logo und Slogan vordrucken.

Wirtschaftliche Auflage

Am meisten sparen Sie durch Angebotsvergleiche und die Wahl der richtigen Auflagenhöhe.

4. Werben wie gedruckt: Flyer und Prospekte

- Wozu Prospekte gut sind
- Wann Sie Prospekte einsetzen sollten
- Welchen Prospekttyp brauchen Sie?
- Grundregeln für Inhalte und Gestaltung
- Achtung Querleser!
- Farben
- Zeigen Sie Format! Aber welches?
- Bilder in Prospekten
- Low Budget Tipps für Ihre Prospekte

Wozu Prospekte gut sind

Erste Frage: Brauchen Sie überhaupt Prospekte? Denn die Erstellung von Prospekten ist zeitraubend und teuer und kann oftmals durch andere Maßnahmen ersetzt werden.

Wenn Sie beispielsweise Ihren Geschäftsverkehr weitgehend über Internet abwickeln, Ihre Lieferanten, Geschäftspartner und vor allem die potentiellen Kunden im Netz vertreten und erreichbar sind, dann können Sie sehr lange ohne einen gedruckten Prospekt auskommen.

Prospekte sind ein Push Medium, d. h. sie werden in der Regel aktiv von Ihnen überreicht oder versandt. Und sie haben gegenüber anderen Medien ein paar nicht zu vernachlässigende Vorteile:

- **Prospekte sind als Lektüre überall nutzbar:** In der Tat braucht man für Prospekte keinen Internetanschluss und kann sie überallhin mitnehmen, verteilen oder zum in die Aktentasche stecken, um sie in Ruhe daheim zu lesen.
- **Prospekte haben Langfristwirkung:** In vielen Unternehmen werden vom Einkauf oder anderen Abteilungen Prospekte archiviert. Zum einen dienen sie der Information über potentielle Geschäftspartner, zum anderen werden sie als gelungene Beispiele oder um einfach mehr Marktübersicht zu erhalten, aufbewahrt.

- **Prospekte bieten Raum für Argumente:** Haben Sie eine erklärungsbedürftige Dienstleistung oder ein Produkt, über das man mehr wissen will? In einem Prospekt ist der Platz dies darzulegen.
- **Prospekte vermitteln Emotionen:** Unabhängig und frei von technischen Beschränkungen können Sie in Prospekten mit Wort und Bild Emotionen wecken. Gelungene Produktfotografien können einen Schraubenzieher wie eine Trophäe aussehen lassen.

Aber auch die Nachteile des Mediums Prospekt sind offenkundig:
- **Zeitaufwendige Erstellung:** Die Erstellung eines Prospektes kostet Zeit. Rechnen Sie für die Gestaltung eines vierseitigen Prospekts, inklusive dem Verfassen der Texte und dem Erstellen von Fotos oder der Suche nach Bildmaterial, mindestens 4–6 Wochen ein. Ein paar Arbeitstage vergehen für die Erstellung, die restliche Zeit brauchen Sie für Abstimmungs- und Entscheidungsprozesse. Zu den Zeiten für die Gestaltung kommt auch die Zeit für Druckvorbereitung und Druck hinzu. Bevor Sie diese Produktionsschritte in Auftrag geben können, müssen Sie Angebote einholen und vergleichen. Rechnen Sie daher ruhig weitere drei Wochen ein, so dass in der Regel für die Erstellung eines Prospektes zwei Monate vergehen können.
- **Relativ hohe Kosten:** Professionelle Werbeprospekte können Sie in der Regel nicht selbst erstellen. Die Kosten für Grafik, Fotografie, Satz und Druckvorbereitung sind oft höher, als der Druck selbst.

Wann Sie Prospekte einsetzen sollten

- **Gezielter Einsatz in Direct Mailings.** Wenn Sie einen Prospekt gezielt für eine Direct Mailing Maßnahme benötigen, setzen Sie ihn ein. Über die Messung der Rückläufe und anschließende Bestellungen erfahren Sie spätestens bei der Auswertung, in welchem Kosten-/Nutzenverhältnis Ihre Werbemaßnahme stand.
- **Sie haben einen Außendienst/Handelsvertreter.** Sie können sich nicht sicher sein, dass Ihr Vertriebsmitarbeiter das Unternehmen exakt so darstellt, wie Sie es gerne hätten. In diesem Fall bietet der gedruckte Prospekt eine wirksame Möglichkeit, die Informationen über das Unternehmen gleich lautend und in dem beabsichtigten Image zu kommunizieren.

- **Sie stellen aus.** Wer in wenigen Tagen tausend Kontakte auf einer Messe herstellt, tut gut daran, den interessierten Besuchern Informationen über das Unternehmen an die Hand zu geben.
- **Sie aktualisieren ständig Produktangebote und Preise.** In dem Fall müssen Sie dies über die Verteilung von Prospekten kommunizieren. Vielleicht reichen aber auch einfache Handzettel?
- **Sie brauchen eine längerfristig wirksame Verkaufsunterlage.** Auch dies ist ein Grund für einen Prospekt oder Katalog. Die Verkaufsunterlage verbleibt für die Dauer der Saison beim Kunden oder Handelspartner und muss als gedrucktes Nachschlagewerk zur Verfügung stehen.

Welchen Prospekttyp brauchen Sie?

Imageprospekt

Der Imageprospekt dient dazu, das Profil Ihres Unternehmens zu schärfen. Sie brauchen ihn vor allem im Dienstleistungssektor, wo es kaum greifbare Produkte gibt, sondern eher darauf ankommt, welches Vertrauen man Ihrem Unternehmen entgegenbringt. Ein Imageprospekt ist darüber hinaus nützlich bei Meinungsbildnern, Medienvertretern, Banken oder anderen Kapitalgebern, bei Politikern oder Mitarbeitern der Verwaltung, auf deren Unterstützung Sie angewiesen sind.

Wenn Sie Existenzgründer sind, prüfen Sie genau, ob Sie einen solchen Prospekt überhaupt brauchen. Die Alternative ist eine gut gemachte Powerpoint Präsentation, die Sie drucken und gegebenenfalls spiralbinden lassen.

Produktprospekt

Sie wollen Produkte und Dienstleistungen in einem bestimmten Markt verkaufen? Dann müssen Sie die Produktvorteile auch zielgruppenspezifisch herausarbeiten. Neben allen Produktdetails gehören dazu auch Argumente rund um die eigentliche Ware.

Alternativ können Sie diese Verkaufsunterlagen als Loseblattsammlung anlegen. So lassen sie sich gezielt zusammenstellen und ohne Streuverluste verteilen.

Abb. 13: Verschiedene Prospekttypen

Verkaufsprospekt

Hier geht es nur um Artikel und Preise – oftmals noch so preiswert wie möglich aufgemacht und in hoher Stückzahl produziert. Solche Verkaufsprospekte können je nach Einsatzzweck einfache Handzettel sein, die wöchentlich verteilt werden, oder als Zeitungsbeilage und im Direct Mailing Verwendung finden.

Wenn Sie die Kosten für einen gedruckten Verkaufsprospekt sparen wollen, dann erzeugen Sie von der Verkaufsunterlage eine Datei im PDF-Format. Sie steht dann sowohl zum Ausdrucken, als auch zum Versand per E-Mail oder zum Download auf Ihrer Internetseite zur Verfügung.

Prospekte haben ein breites Einsatzspektrum. Achten Sie auf das beste Format für Ihren Zweck!

Grundregeln für Inhalte und Gestaltung

Die Anforderungen an die gestalterische Qualität von Prospekten sind hoch. Jährlich werden in Deutschland für rund 6 Milliarden Euro Prospekte gedruckt. Eine Flut von Prospekten ergießt sich auf Schreibtischen in Chefbüros und Sekretariaten. Um sich hier herauszuheben, sind gute Argumente und eine gute Aufmachung gefragt.

Die Titelseite

Dem Titel kommt die wichtigste Aufgabe zu. Schon beim Ansehen der Titelseite entscheiden die Empfänger eines Prospekts, ob sie ihn aufblättern oder ungesehen wegwerfen.

- Achten Sie bei der Titelseite darauf, dass diese Blickfangcharakter hat.
- Machen Sie den Leser durch die Headline neugierig auf den Inhalt.
- Nennen Sie den wichtigsten Kundennutzen auf der Titelseite.
- Verführen ist wichtiger als Informieren. Für weitere Argumente haben Sie ja den Innenteil.

Die Rückseite

Nahezu 100 % der Empfänger eines Prospekts drehen ihn um, bevor sie ihn aufblättern. Und andere Untersuchungen sagen, dass 50 % aller Empfänger eines Prospekts nur seine Vorder- und Rückseite betrachten.

Die Rückseite dient dazu, den Absender vollständig zu identifizieren: woher kommt er, welche Firma steckt dahinter, wo ist der Firmensitz? Platzieren Sie daher wichtige Informationen auf der Rückseite des Prospektes:

- Ihre vollständige Firmenadresse mit Anfahrtsskizze,
- eine Kurzdarstellung des Produktprogramms,
- eine Bestellaufforderung,
- ein Sonderangebot,
- den Hinweis aufs Internet,
- Referenzen zufriedener Kunden.

Der Innenteil

Wie gliedert man den Innenteil? Welche Produktlinie kommt auf die ersten Seiten? Welche Dienstleistungen kommen zum Schluss? Welche Entscheidungskriterien gibt es dafür? Soll man nach Umsatz vorgehen? Soll man auf den ersten Seiten abbilden, was man besonders bewerben möchte? Und wann braucht es ein Inhaltsverzeichnis?

Bei allen Gliederungsprinzipien sollten Sie sich am Kunden orientieren. Machen Sie also um Himmels willen nicht den Fehler, den Prospekt nach Ihren internen Baureihenbezeichnungen zu gliedern. Oder nach dem Motto: die stärkste Abteilung steht am Anfang.

Betrachten Sie Prospektseiten oder Prospektdoppelseiten als Einheiten, die Sie einem Thema widmen. Das erleichtert Ihnen, sinnvolle Zusammenhänge zu schaffen, die den Nutzwert des Prospektes für seine Leser erhöhen.

Eine gute Methode ist es, das „Prinzip des Storytelling" anzuwenden. Auch Prospekte können eine gute Story vertragen. Wobei wir unter Story einen Zusammenhang verstehen, der die verschiedenen Prospektinhalte plausibel verknüpft, z. B.:

- Von der Produktentwicklung bis zur Auslieferung
- Von der kleinsten zur größten Baureihe (oder umgekehrt)
- Vom Kundengespräch bis zum Produkt
- Von den bekannteren Produkten zu den weniger bekannten
- Von der Gründung bis heute

Wie Texte und Bilder zueinander finden

Wenn Sie wissen wollen, was in einem Prospekt neben den Überschriften zuerst gelesen wird: es sind die Bildunterschriften. Offensichtlich spielt es für die Wahrnehmung der Bildunterschriften keine Rolle, ob sie besonders groß oder auffällig gesetzt wurden. Tatsache ist, diese werden noch vor dem eigentlichen längeren Fließtext gelesen. Grund genug, die Bildunterschrift mit Sorgfalt zu erstellen. Packen Sie wichtige Leistungsdaten in diese Bildunterschrift. Wiederholen Sie keinesfalls das, was der Betrachter ohnehin schon sieht: die Bildunterschrift soll das Bild nicht beschreiben, sondern ihm eine Zusatzinformation geben. Am besten ist, wenn Bild und Text sich zu einer gemeinsamen Botschaft vereinen. Eine Regel, die auch für den Bezug von Headlines und Bildern in Prospekten gilt.

Achtung Querleser!

Egal wie gut gemacht Ihr Prospekt ist, jeder Leser widmet ihm nur ein paar Sekunden. Nicht mehr als wirklich nötig, um zu entscheiden: ist diese Information interessant für mich? Wird es mir nützlich sein? Soll ich wirklich weiter lesen?

Denken Sie dabei an den Querleser: Aus den Botschaften, die das Auge zuerst wahrnimmt, wie Überschriften, Bildunterschriften und Bildern, muss sich eine Kurzbotschaft für den Leser erstellen lassen.

Achten Sie darauf, ob wichtige Schlüsselwörter, die Ihr Angebot beschreiben, beim oberflächlichen Lesen bereits ins Auge springen. Gliedern Sie Ihren Text auch durch wenige Hervorhebungen so, dass Schlüsselwörter zu Tage treten.

Folgen Sie auch im Innenteil einer klaren Gliederung – von auffälliger Headline bis zu aussagekräftigen Bildern. Achten Sie darauf, dass sich Headline und Bildaussage ergänzen. Verwenden Sie kein Bildmaterial, das wiederum erklärungsbedürftig ist. Verfassen Sie knappe Texte und achten Sie auch da auf den Kundennutzen.

Vergessen Sie die schlechten Beispiele mancher Firmen, die es versäumen, auf der zweiten Seite zum Punkt zu kommen. Ein Grußwort des Firmenchefs – wer liest das? Ein Inhaltsverzeichnis für gerade 16 Seiten Prospekt – wer braucht das? Verschenken Sie nicht den wertvollen Platz mit einer Vorrede. Kommen Sie gleich zur Sache.

Profitipp: Achten Sie darauf, dass Sie für Ihren Prospekt ein durchgängiges Lay-out gewählt haben, also Überschriften, Bilder und Texte an der exakt gleichen Stelle sitzen. Obwohl jeder professionelle Grafiker einem Prospektentwurf ein einheitliches Raster zu Grunde legt, neigt er doch dazu, innerhalb dieses Rasters in der Seitengestaltung zu variieren. Jede Variation kostet Zeit und Geld. Informationen beziehen Prospektleser aus den Inhalten, nicht aus der ständig wechselnden Gestaltung.

Farben

Wenn Sie eine Firmenfarbe gewählt haben, dann verwenden Sie diese auch im Prospekt. Mit Farbe können Sie:

- Einzelne Passagen hervorheben
- Überschriften gestalten
- Texte und Bilder unterlegen
- Emotionen erzeugen

Zeigen Sie Format! Aber welches?

Bleiben Sie bei der Wahl Ihres Prospekts immer im Bereich der DIN-Formate. Sämtliche Druckmaschinen sind auf die Verwendung dieser DIN-Formate ausgerichtet und so lassen sich Ihre Prospekte bei Beachtung dieser Regeln so kostengünstig wie möglich produzieren. Jedes Abweichen vom Standardformat führt zu erhöhten Kosten, weil beispielsweise Zuschnitt- oder Verschnittkosten anfallen.

Die wichtigsten DIN-Formate für Sie sind:

- **DIN A4:** entspricht dem Format 210 × 297 mm. Genügend Platz, um Produkte und Argumente darzustellen. Ideal für Imageprospekte und genau das Richtige, um in einem Aktenordner abgeheftet und aufbewahrt zu werden.
- **DIN A5:** Ein halbes DIN-A4-Blatt, also im Format 210 × 148 mm. Ideal für Handzettel, die Sie in großer Stückzahl verteilen wollen.
- **Flyer DIN lang:** Eigentlich ein DIN-A4-Blatt, das zweimal gefalzt wurde. So entsteht ein handlicher Prospekt im Format 100 × 210 mm. Dieser bietet nun auf 6 Seiten Platz für eine knappe Darstellung und ist das ideale Format zum preisgünstigen Versand im Standardkuvert. Oder zur jackentaschenfreundlichen Verteilung auf Messen.
- **Die Vierer-Teilung:** Für Auflagen im Bereich von 100 bis 100.000 Exemplaren wird in der Regel auf so genannten Bogenoffsetmaschinen gedruckt. Diesen wird das zu bedruckende Papiermaterial in Bögen zugeführt. Solche Bögen haben fixe Abmessungen und sind in Deutschland auf die Verwendung der DIN-Formate ausgerichtet. Der häufigste Druckmaschinentyp verarbeitet Bögen in einem Format von 72 × 102 cm. Darauf haben 16 DIN-A4-Seiten Platz. Wenn Sie also die druckseitig vorgegebenen Bedingungen optimal ausnützen wollen, beachten Sie die Viererteilung. Wenn die Seitenzahl Ihres Prospekts durch 4 teilbar ist, wird Ihre Druckproduktion am günstigsten.

Wie faltet man Prospekte?

Druckprofis nennen falten falzen. Je nachdem wie Ihr Prospekt gefalzt wurde, können Sie Ihre Inhalte den Lesern schrittweise „entblättern". Ein paar der gängigsten Arten, Prospekte zu falzen, zeigt Abbildung 14, (S. 76).

Bilder in Prospekten

Für werbewirksame Prospekte brauchen Sie in den meisten Fällen gutes Bildmaterial. Da die Herstellung im Druck auch die Wiedergabe feinster Konturen oder Schattierungen erlaubt, müssen Bilder

Falzbeispiele

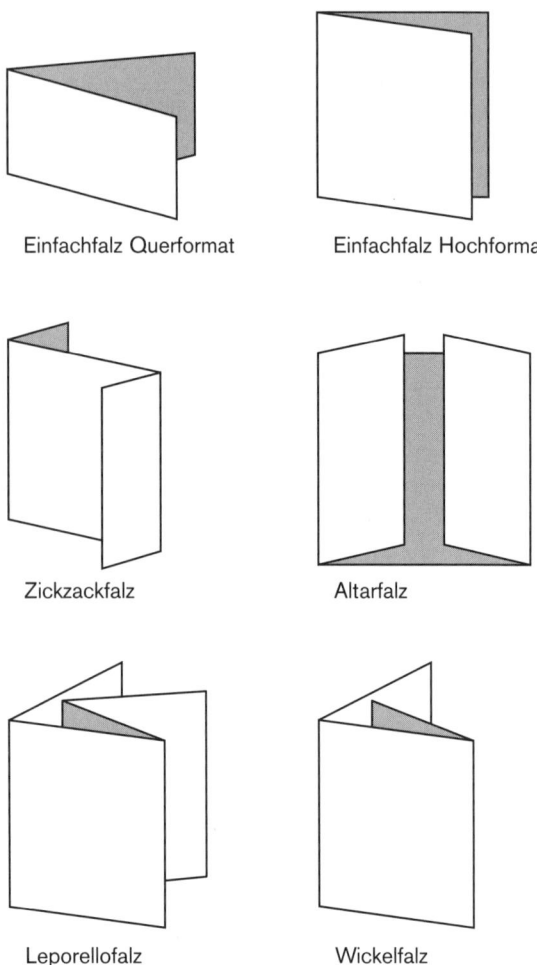

Einfachfalz Querformat   Einfachfalz Hochformat

Zickzackfalz   Altarfalz

Leporellofalz   Wickelfalz

Abb. 14: Diverse Falzbeispiele

optimal in Schärfe, Ausleuchtung und Kontrast sein. Da kommen Sie um einen Profi nicht herum. Aber es gibt durchaus Möglichkeiten preiswert an gutes Bildmaterial zu kommen.

Professionelle Stimmungsbilder finden Sie auf so genannten lizenzfreien Bild-CD-ROMs. Für einen Bruchteil der Kosten eines Fotografen, erhalten Sie dann Bildmaterial, das Sie unbeschränkt einsetzen können. Fragen Sie auch Ihre Lieferanten nach Bildern! Hersteller oder Großhändler, deren Produkte sie verkaufen, haben meist erstklassige Aufnahmen, die sie Ihnen für Werbezwecke unentgeltlich zur Verfügung stellen können.

Wie Sie preiswert zu guten Bildern kommen

Dass gute Werbefotos teuer sind, kann man heute nicht mehr behaupten. Es gibt im Internet mehr als 100 Bildarchive, die Millionen Bilder bereithalten. Sie können diese zu Preisen von 1 bis 5 US Dollar (oder Euro) erwerben. Oftmals sind diese dort eingestellten Bilder auch kostenlos zu verwenden – eine Angabe der Quelle und des Fotografen genügt in den meisten Fällen. Die Mehrzahl der kostenlosen Bilder eignet sich allerdings meist nur für die Verwendung auf Webseiten, da die Bildqualität nicht ausreicht. Auch die einstmals teuren Bildagenturen haben heute solche Billigangebote im Netz. Die Bilder stammen sowohl von Profifotografen als auch von Amateuren. Ein paar Anlaufstellen für Ihre Bildersuche im Web:

- Digitalstock: http://www.digitalstock.de
- Fotolia: http://de.fotolia.com
- iStockphoto: http://www.istockphoto.de
- Zoonar: http://www.zoonar.de

Bilder haben eine enorme Werbewirkung – sofern Sie ein paar typische Fehler vermeiden, die sowohl Anfängern als auch Fortgeschrittenen unterlaufen:

- **Wirre Bilder:** Achten Sie darauf, dass Sie nah genug an Ihr Objekt herangehen. Vermeiden Sie zu viele Details und einen unruhigen Hintergrund. Setzen Sie die wichtige Bildinformation in Szene.
- **Vielfalt:** Fotografieren Sie Ihre Produkte in einem einheitlichen Stil – immer vor dem gleichen Hintergrund, immer mit derselben Beleuchtung. Erst dann wirkt Ihr Prospekt aus einem Guss und

der Leser kann sich auf die Inhalte der Bildaussage konzentrieren. Egal ob Sie kleine Objekte oder Lkw-Anhänger fotografieren, die Art der Beleuchtung oder die Wahl des Kamerastandortes sind stilbildende Elemente, die Sie beachten sollten.

- **Leere Räume:** Leere Räume, gleich ob Büros oder Fabrikationsanlagen, wirken immer steril. Machen Sie keine Bilder ohne Menschen.

- **Models:** Werbeleute empfehlen oft auch, Bilder von Menschen aus Bildkatalogen auszuwählen. Lassen Sie die Finger davon. Es sind Aufnahmen, die heute bei Ihnen, morgen bei einer anderen Firma eingesetzt werden. Die abgebildeten Personen sind zwar ausnahmslos gut aussehende Models, die aber in stereotypen Positionen abgelichtet werden. Das macht Ihre Werbung „steril", austauschbar und unpersönlich. Zeigen Sie lieber reale Menschen: sich selbst und Ihre Mitarbeiter.

Ob Sie in Ihrem Prospekt Bilder brauchen oder nicht, hängt ganz vom Produkt ab, das Sie verkaufen. So lassen sich beispielsweise Lebensmittel nur mit hohem Aufwand so fotografieren, dass sie appetitlich aussehen. Eine Alternative sind Zeichnungen und Illustrationen. Eine Illustration ist oft stimmungsvoller, lässt sich meist mit geringerem Kosteneinsatz herstellen und gibt Ihrem Prospekt einen wertvollen, handgemachten Charakter.

Profitipp: Bauen Sie in jeden Ihrer Flyer oder Prospekte Antwortelemente ein, um Ihre Kunden zu einer sofortigen Reaktion aufzufordern. Solche Antwortelemente können sein: Antwortkarten, Gutscheine, Preisrätsel, Fax-Formulare zum Zurücksenden, Adresse der Homepage mit weiteren Informationen, E-Mail-Adressen, unter denen Serviceleistungen abgerufen werden können und Servicetelefonnummern. Platzieren Sie solche Hinweise immer deutlich und heben Sie diese in der Prospektgestaltung hervor, etwa durch Fettdruck oder eine andere Farbe.

Low Budget Tipps für Ihre Prospekte

- **Das DIN-Format:** Wählen Sie als Ausgangsbasis für Ihre Prospekte immer ein DIN-Format.

- **Kürzen, kürzen, kürzen:** Prospekte dienen der schnellen Information. Blähen Sie Ihre Drucksachen nicht unnötig auf. Weiterführende Informationen stellen Sie ins Internet.
- **Optimieren Sie die Auflage:** Drucken Sie nie weniger als 1.000 Stück. Aber drucken Sie Prospekte nicht auf Vorrat. Immer nur so viel, wie Sie für die geplante Werbeaktion brauchen.
- **Bloß nichts neu erfinden:** Wählen Sie ein Basislayout für alle Prospekte, nach denen Texte und Bilder angeordnet werden. Das erhöht die Wiedererkennung und spart ständige Entwurfskosten.
- **Sammeln Sie Daten:** Lassen Sie sich vom Drucker die zur Prospekterstellung notwendigen Text-, Lay-out- und Bilddaten aushändigen und bewahren Sie diese sorgfältig auf. So sparen Sie Kosten bei unveränderten Nachdrucken oder künftigen Aktualisierungen Ihrer Drucksachen.
- **Erstellen Sie ein PDF:** Lassen Sie sich jeden Prospekt auch ins PDF-Format übertragen. Bei Bedarf können Sie so den Prospekt selbst ausdrucken oder ins Internet stellen.
- **Legen Sie Prospekte niemals ins Lager:** Wenn Sie Geld zum Fenster hinauswerfen wollen, bringen Sie Ihre Prospekte ins Lager. Ich kenne genügend Werbeleiter, die am Jahresende noch irgendwo ein paar Tausend alte Prospekte entdecken. Nur leider komplett veraltet. Lagern Sie Prospekte auf dem Schreibtisch der Mitarbeiter, die Sie versenden sollen. Oder auf Ihrem eigenen. Teilen Sie die Prospekte an Ihre Vertriebsleute aus. Legen Sie sie in den Laden. Überall dort, wo ein Prospekt die Chance hat, zu einem Leser zu finden, ist er besser aufgehoben, als im Bürolager.

5. Auf ins Web: Homepage, Online-Werbung, E-Mail Akquise

- Ein paar Worte über Websites
- Was im Web so anders ist ... nur ein paar Beispiele
- Wer muss ins Web, wer nicht
- Wofür der Internetauftritt gut ist
- Was auf jede Homepage gehört
- Das gesetzeskonforme Impressum, so sieht es aus
- Wann eine Homepage wirklich gut ist
- Acht Killertechniken für Ihre Website
- Gewusst wie: So funktionieren Suchmaschinen
- Key Words, die Schlüssel zum Sucherfolg
- Bannerwerbung und Adwords
- Kleine Bannerkunde
- Wer sucht, der findet Werbung
- E-Mails, Ihre elektronische Visitenkarte
- Wie man einen Online-Newsletter aufbaut und damit Kunden gewinnt
- Die Erfolgskriterien für Ihren Online-Newsletter
- Nutzen Sie Autoresponder
- Was sind Microsites?
- Weblog statt Website?
- Weblog-Software, die Anbieter
- Vorteile von Weblogs
- Einsatzbeispiele für Weblogs

Ein paar Worte über Websites

Bevor man sich an die Planung eines Webauftritts macht, sollte man ein paar Gedanken mehr als üblich darauf verschwenden. Es reicht nicht aus, wie bei anderen Kommunikationsmaßnahmen, sich Ziele, Zielgruppen, Inhalte und Kosten zu überlegen. Man muss sich zuerst vor Augen führen, dass dieses neue Medium keinem der uns bekannten Medien gleicht. Das brachte schon jede Menge irrtümlicher Annahmen hervor, welchem Medium das Internet wohl ähneln könnte.

Für die einen ist es ein gigantisches Nachschlagewerk, eine Enzyklopädie des Wissens oder schlichter: so etwas wie die Gelben Seiten. Sie sichern sich erst mal einen Eintrag und markieren ihr Zuhause mit Baustellenschildern. Na ja, vielleicht bunter. Für die anderen ähnelt es einem großen Shop, einer Einkaufsmall, in der sich Laden an Laden reiht. Das Zauberwort heißt E-Commerce und folglich muss jede Website verkaufen. Andere meinen, es ist so etwas wie Fernsehen, nur dass die Bilder noch unschön ruckeln und immer nach Mäusekino aussehen. Auf ihren Websites laufen infolgedessen bunte Filmchen, so lange bis der Browser abstürzt.

Und die häufigste Annahme ist vielleicht, dass Websites so etwas wie „animierte Prospekte" sind. Ein Irrtum, der Unternehmen dazu verleitet, ihre vorhandenen Prospekte eins zu eins ins Netz zu stellen und Grafiker dazu bringt, jeden Pixel einzeln justieren zu wollen.

Was im Web so anders ist...nur ein paar Beispiele

- **Push versus Pull:** Surfer kommen nicht zufällig zu Ihrer Website. Sie kommen, weil Sie irgendwo Ihre Adresse gefunden haben, vielleicht auf Ihrem Briefkopf, vielleicht in einem Mailing oder höchstwahrscheinlich in einer Suchmaschine. Während Sie sich bei allen diesen Werbeformen bemühen müssen, die Botschaften an den potentiellen Kunden zu bringen (Push), wird der Kunde scheinbar wie von selbst von einer Website angezogen (Pull). Somit dürfen Sie bei den Besuchern Ihrer Website schon mal eines voraussetzen, was man bei den Adressaten von Werbebotschaften oft gar nicht antrifft: ein spezifisches Interesse.
- **Das Zielgruppendilemma:** Kann man mit dem Internet exakt definierte Zielgruppen erreichen? Eher nicht. Sie können sich bemühen, eine Website vom Produktangebot, von der Ansprache der Zielgruppe her so zu gestalten, dass womöglich nur eine bestimmte Zielgruppe zu ihr findet. Aber Websites sind weltweit abrufbar und können potentiell jeden erreichen. Je heterogener die Zielgruppen sind, umso schwerer ist es, den unterschiedlichen Erwartungen und Wünschen der Surfer zu begegnen.
- **Lesen im Netz:** Zahlreiche Untersuchungen machen deutlich, dass Lesen im Web schwieriger ist als auf Papier. Texte werden schwe-

rer verstanden und mühsamer behalten. Hinzu kommt die Ablenkung. Irgendwo in der Mitte ein Inhalt, links und rechts kleine bunte Knöpfe, die neue Ablenkungen offerieren.

• **Interaktion:** Man kann sagen, was man will, die Bedienung des Webs ist vergleichsweise schwierig. Beschränkt sich die Nutzeraktivität beim Lesen eines Prospekts auf einfaches Umblättern, geht es hier permanent um Entscheidungen: Auf welchen Knopf muss ich klicken, um welche Information zu finden? Wie komme ich wieder an die Stelle, die ich gerade gelesen habe? Und was ist das für eine komische Aufforderung: Skip Intro?

• **Ladezeiten:** Je nachdem wie Internetnutzer technisch angebunden sind, vergehen beim Abruf von Informationen bis zu deren Anzeige auf dem Bildschirm Sekunden oder gar Minuten. Ladezeiten sind eine der Hauptursachen, weshalb das Internet kein verkleinertes TV-Medium ist.

• **Kompetenzen:** Neben den unterschiedlichen Erwartungen der Zielgruppen gibt es eine höchst unterschiedliche Kompetenz der Nutzer. Jugendliche sind im Netz weitaus schneller unterwegs und bewegen sich sicherer. Manche Senioren dagegen haben bereits Probleme mit dem Mausklick. Männer surfen gerne ziellos und sind durch bunte Bildchen zu begeistern, Frauen wollen im Internet schnell ans Ziel.

Wer muss ins Web, wer nicht?

Seltsame Frage – wer nicht im Web vertreten ist, den gibt es so gut wie gar nicht. Mittlerweile gibt es einen Ratgeber, der fast bei jeder Anschaffungsplanung gefragt wird: Google. Die Zahl derjenigen, die vor dem Kauf das Internet konsultieren, um Preise zu vergleichen, Produktinformationen zu sammeln und zu sichten, steigt ständig. Auch wer nicht im Web einkaufen will, sondern zum Händler um die Ecke geht, informiert sich erst mal durch eine Webrecherche bei Google.

Zahlreiche Portale sind entstanden, die es ermöglichen zu beinah jedem Produkt die Meinung anderer Verbraucher einzuholen – man kann sie auch fragen, wenn man einen Handwerker sucht, der das Wohnzimmer renoviert oder einen Zahnarzt, der als sanfter Bohrer gilt. Kaum eine Urlaubsreise wird gebucht, ohne dass man Hotelbewertungen checkt.

Wer nicht im Web vertreten ist, hat einen großen Nachteil. Man spricht über ihn, aber er selbst trägt nichts zu seiner Imagebildung bei. Früher galten die „Gelben Seiten" einmal als Muss – heute ist es das Internet.

Was noch vor der Homepage kommt:
Ihr Eintrag bei Google oder Yahoo Maps

Auch wenn Sie noch über keine Homepage verfügen, sind Sie womöglich im Internet vertreten. Viele Einzelhändler wissen das gar nicht. Aber die Adressen, die aus Telefonbucheinträgen oder Branchenverzeichnissen stammen, wurden von den Suchmaschinenanbietern gekauft und ihrem Kartenmaterial zugeführt.

Wer eine Bäckerei in der Nürnberger Südstadt sucht, findet sie bei Google – und sie wird gleich auf dem Stadtplan angezeigt. Man kann sich den schnellsten Weg dorthin mit öffentlichen oder privaten Verkehrsmitteln planen und anzeigen lassen. Man kann die Daten in sein Navigationsgerät übernehmen. Und man kann lesen, ob Google bereits Kundenmeinungen im Web über Bäckereien in der Südstadt gefunden hat. Alles das findet sich neben dem bloßen Karteneintrag.

Deshalb nutzen Sie die Möglichkeit der kostenlosen Einträge in den Kartenverzeichnissen der Suchmaschinen – eine unerlässliche Aufgabe! Tragen Sie dort ein:
• Firmen- und Adressangaben
• Standortangaben
• Die URL Ihrer Website
• Kurzbeschreibung Ihres Angebotes in Text und Bild

Machen Sie mal folgende Internetsuche: Geben Sie bei Google die beiden Suchbegriffe „Hotel" und „Nürnberg" ein. Klicken Sie bei den angezeigten Treffern auf „Lokale Ergebnisse für Hotel nahe Nürnberg", so landen Sie in der lokalen Suche und der Stadtplan von Nürnberg erscheint. Kleine Stecknadelköpfe markieren die einzelnen Hotels auf dem Stadtplan. Weiter geht es: Klicken Sie auf das „Hotel Deutscher Kaiser", fin-

den Sie nicht nur die Adresse des Hotels – auch Ihre Anfahrtsroute dorthin lässt sich berechnen. Klicken Sie auf „mehr Infos" und Sie finden Bewertungen zum Hotel. „The Manager was very helpful", steht dort beispielsweise über das Hotel Deutscher Kaiser zu lesen. Darunter der Hinweis auf die Website des Hotels und viele andere Suchtreffer und
Webseiten, in denen das Hotel besprochen wurde.

Wofür der Internetauftritt gut ist

- **Um mit Ihren Kunden, Lieferanten oder Geschäftspartnern zu
  kommunizieren:** Es gibt Leute, die lesen jeden Warentest, den sie
  bekommen können, bevor sie sich eine neue Kamera kaufen. Es
  gibt Menschen, die blättern im Telefonbuch, um einen Dienstleister zu finden. Und andere füttern die Suchmaschine, um in Erfahrung zu bringen, ob es einen Versicherungsmakler in nächster
  Nähe gibt. Jedem Kaufprozess geht ein Informationsprozess voraus, der sich unterschiedlichster Quellen bedient – je nach Neigung des Suchenden. Aber auch Lieferanten und Geschäftspartner sind erleichtert, wenn sie dank einer Website ein bisschen genauer wissen, wen sie eigentlich beliefern, gerade zu Beginn einer
  neuen Geschäftsbeziehung. Da ist das Internet das preiswerteste
  Medium, um ein gutes Profil von sich selbst zu zeichnen.
- **Um Waren und Dienstleistungen über das Internet zu vertreiben:**
  Keine Frage, wenn Sie Ihre Waren in einem Online-Shop vertreiben oder das Internet zur Kundenakquise nutzen können, kommen Sie an einem gut gemachten Internetauftritt gar nicht vorbei.
- **Um den Anforderungen des Wettbewerbs zu genügen:** Ihre Wettbewerber sind im Internet. Dann sollten Sie Ihnen den Platz nicht
  allein überlassen.
- **Um Geschäftsprozesse zu optimieren:** Sei es Wareneinkauf, Perso-
  nalrekrutierung oder Öffentlichkeitsarbeit – es gibt zahlreiche Geschäftsprozesse, die durch den Einsatz des Internets optimiert
  werden können.

Was in jede Homepage gehört

Auch die kleinste Webpräsenz stellt minimale Anforderungen an den Inhalt. Dazu gehört:

- Was macht Ihr Unternehmen?
- Wer steht dahinter?
- Wo sind Sie zu finden?
- Wie nimmt man Kontakt zu Ihnen auf?

Macht als Mindestanforderung vier Menüpunkte. Zusammen mit dem gesetzlich vorgeschriebenen Impressum fünf, mehr nicht.

Das gesetzeskonforme Impressum, so sieht es aus

- Name und Rechtsform der Firma
- Straße
- PLZ, Ort
- Telefon
- E-Mail
- Vertretungsberechtigter
- Haftungsausschluss zum Beispiel so: „Trotz sorgfältiger inhaltlicher Kontrolle übernehmen wir keine Haftung für die Inhalte externer Links. Für den Inhalt der verlinkten Seiten sind ausschließlich deren Betreiber verantwortlich."

Bei Unternehmen, die im Handelsregister eingetragen sind:
- Registergericht
- Registernummer

Bei Unternehmen, die umsatzsteuerpflichtig sind:
- Umsatzsteuer-Identifikationsnummer gemäß § 27a Umsatzsteuergesetz: DE 0000000

Bei Homepages, die journalistisch-redaktionelle Texte beinhalten:
- Benennung eines inhaltlich Verantwortlichen, gemäß § 10 Absatz 3 MDStV, mit vollständiger Anschrift

Besondere Vorschriften gelten für Unternehmen, die für ihre gewerbliche Tätigkeit eine behördliche Zulassung benötigen, also z. B.

Gaststätten, Makler, Bauträger etc. Sie müssen die zuständige Aufsichtsbehörde angeben.

Freiberufler (z. B. Rechtsanwälte, Steuerberater, Architekten und Ärzte) müssen in ihrem Impressum die Kammer angeben, der sie angehören. Darüber hinaus ist die Angabe der gesetzlichen Berufsbezeichnung und des Staates vorgeschrieben, in dem die Berufsbezeichnung verliehen wurde.

Außerdem müssen Freiberufler einen Hinweis auf die für ihren Beruf geltenden berufsrechtlichen Regelungen und einen Link angeben, über den diese Regelungen abrufbar sind.

Profitipp: Platzieren Sie einen Copyrightvermerk, den Link zum Impressum und den Link zum Kontakt immer so, dass diese von jeder Seite erreichbar sind. Am besten in einer Kopf- oder Fußzeile auf jeder Seite.

Wann eine Homepage wirklich gut ist

Vielleicht denken Sie, im multimedialen Zeitalter müssten Videos, Soundclips, Live Cams oder aufwendige Animationen zu einer guten Homepage gehören. Weit gefehlt. Die Anforderungen an die Qualität und damit auch den Erfolg Ihrer Homepage sind weitaus geringer und werden doch nur so selten ganz erfüllt:

• **Prägnante URL:** Wenn Sie einen prägnanten Namen für Ihr Geschäft gewählt haben und dieser als Internetadresse noch zur Verfügung steht: bingo! Für den Fall, dass der Name Ihres Unternehmens über 10 Buchstaben hinausgeht, wählen Sie als Internetadresse eine Kurzform. Niemand tippt gerne Wortungetüme, bei denen er sich dreimal verschreiben kann. Und wer schreibt künftig eine Mail an erich.beispiel@paradies-backwaren-bodensee.de?

• **Einwandfreie Funktion:** Stellen Sie sicher, dass Ihr Netzauftritt einwandfrei funktioniert: Beim Klicken auf einen Link wird zuverlässig die richtige Seite aufgerufen, beim Besuchen Ihrer Homepage erscheint keine Fehlermeldung, Bilder werden vollständig geladen, auf keiner Ihrer Seiten befindet sich ein Baustellenschild, die Texte sind auf Rechtschreibfehler überprüft. Eine

Website, die diese Kriterien nicht erfüllt, bringt Ihnen keinen Nutzen, sondern Ihrer Konkurrenz.

- **Schnelle Ladezeiten**: Viele Werbeagenturen und Webdesigner meinen, jeder Benutzer surft mit einer Standleitung im Netz. Aber noch immer sind Modems weit verbreitet. Aufwändige Animationen, Skripte, die erst geladen werden müssen, viel zu große Bilder... dies alles sind Hemmnisse für den Besucher Ihrer Seite. Sorgen Sie dafür, dass Ihre Seiten so schnell wie möglich geladen werden und lassen Sie alles, was die schnelle Nutzung Ihrer Seite behindert weg.

- **Einfache Bedienung:** Machen Sie den Besuchern Ihrer Seite die Orientierung so einfach wie möglich. Kennzeichnen Sie Links deutlich, verstecken Sie diese nicht in Bildern und sorgen Sie dafür, dass jede Seite den gleichen Aufbau hat. Niemand hat Lust, für ein paar Zeilen Information einen Button erst suchen zu müssen. Zur einfachen Bedienung gehört eine einheitliche und leicht verständliche Navigation. Überlegen Sie, wie Sie es schaffen, dass Ihre Besucher spätestens beim 3. Klick am Ziel ihrer Suche sind.

- **Informative Inhalte:** Wenn Sie nichts zu sagen haben, sagen Sie nichts. In allen anderen Fällen geben Sie sich die größtmögliche Mühe, wertvolle Informationen bereitzustellen. Wertvoll sind Informationen aber nicht etwa dann, wenn Ihre Texte bis ins allerkleinste geschliffen sind, sondern wenn sie sich am Informationsbedürfnis der Surfer orientieren. Wer sich zum Beispiel über eine Fahrschule im Netz informieren möchte, den interessieren neben den Öffnungszeiten und Preisbeispielen vielleicht auch die künftigen Fahrlehrer und die Fahrzeugflotte, oder?

- **Kompetente Reaktion:** Sparen Sie sich die Mühe für einen Webauftritt, wenn Sie E-Mails nicht oder erst nach Tagen beantworten. Die übliche Reaktionszeit für eine E-Mail liegt bei 24 Stunden. Ansonsten hätte der Anfrager ja auch die Schneckenpost beauftragen können. Seien Sie im Übrigen auch darauf gefasst, dass Sie neben Lob auch kritische E-Mails beantworten müssen.

Acht Killertechniken für Ihre Website:

(1) Plug-Ins: Auf vielen Websites werden Sie genötigt, vor dem Betrachten mancher Inhalte erst ein Plug-In herunterzuladen. Ein wirksames Mittel, Besucher sofort zu vergraulen.

(2) Intros: Sie kennen doch sicher die mal lustigen oder meist langweiligen kurzen Filmchen, die sich abspielen, bevor auf der Seite überhaupt etwas passiert. Leider hängen vor allem Werbeagenturen, die es eigentlich besser wissen müssten, dem Irrglauben an, dies würde Besucher erfreuen. Aber welchen Nutzwert haben tanzende Logos? Und wer will schon gezwungen werden, ein Werbevideo zu sehen, wenn er einen Laden betritt?

(3) Flash: Komplett in Flash – einer unter vielen Webdesignern beliebten Programmiertechnik – erstellte Websites haben einen gravierenden Nachteil: Google kann sie nicht oder nur erschwert lesen und bewerten. Die Folge: Im Google Index rutscht die Website auf die hintersten Plätze.

(4) Externe Links: Sie wollen Ihren Besuch schnell wieder loswerden? Platzieren Sie Links von Ihren Geschäftspartnern, von Branchenzeitschriften oder einfach nur schönen Seiten auf Ihrer Homepage. Und weg sind die Surfer.

(5) Zählwerke: Sehen Sie die beliebten Besucherzählwerke (Counter) doch mal so: Die einzigen, die sich für Ihren Counter interessieren, sind die Kollegen von der Konkurrenz. Sollen die über die Besucherzahlen auf Ihrer Seite wirklich informiert sein?

(6) Baustellenschilder: Auch die sprechen eine deutliche Sprache. „Ich war zu faul, diese Seite fertig zu machen. Mir ist das Geld ausgegangen." Oder: „Es mir egal, wie es auf meiner Homepage aussieht." Die Lehre daraus: Stellen Sie nur fertige Seiten ins Netz, keine unfertigen!

(7) Newsticker: Bewegte Elemente in einer statischen Umgebung ziehen die Blicke auf sich. Steht im Newsticker wirklich das Wichtigste was Sie zu sagen haben? Oder Allerweltsmeldungen, die man dutzendfach im Netz finden kann? Warum lenken Sie die Leute dann von den wichtigen Inhalten so ab?

(8) Formulare: Die meisten Menschen stehen mit Formularen auf

Kriegsfuß. Und trotzdem erleben sie in digitaler Form eine Renaissance. Wenn Sie einem potentiellen Kunden den Zugang zu Ihnen vergraulen wollen, dann schaffen Sie es mit überflüssigen und umständlichen Formularen.

Gewusst wie: So funktionieren Suchmaschinen

Eintippen und finden

Die Suche nach Informationen im Internet gleicht wirklich der Suche nach der Stecknadel im Heuhaufen. Wobei man sich den Heuhaufen so groß wie den Kölner Dom vorstellen muss. Eines der Erfolgskriterien für Ihre Website wird daher sein, wie gut Sie mit Hilfe der Suchmaschinen gefunden werden. Beobachtungen zeigen, dass 80 % der Seitenaufrufe von einem Suchmaschinentreffer stammen. Kommen potentielle Käufer überhaupt zu Ihnen? Wird Ihre Website von den wichtigsten Suchmaschinen gefunden? Wenn Sie als Treffer gelistet werden, sind Sie unter den ersten 10, den ersten 20 oder unter ferner liefen?

Unverständlicherweise wird von den meisten Unternehmen der Faktor Suchmaschineneintrag nach Erstellung der Website kaum beachtet. Und manchmal wird er sogar vergessen.

Welche Suchmaschinen gibt es?

Grundsätzlich unterscheidet man zwei Arten von Suchmaschinen. Erstens: Die eigentlichen **Suchmaschinen**, die das Netz eigenständig nach Informationen durchsuchen, einen gewaltigen Datenbestand anlegen und dann auf Anfrage die Ergebnisse als Kurztexte mit den entsprechenden Links anzeigen. Zweitens: Die **Webverzeichnisse**, wie beispielsweise Yahoo. Hier werden die Informationen über Webseiten von Redakteuren zusammengestellt und nach bestimmten Kriterien in die Datenbank des Verzeichnisses aufgenommen.

Die automatisch arbeitenden Suchmaschinen durchkämmen das Internet regelmäßig in festgelegten Abschnitten. Deshalb sind deren Informationen stets einen Tick aktueller als die der Webverzeichnisse. Die von Redakteuren erstellten Verzeichnisse liefern oft weniger Treffer, dabei sind diese von höherer Qualität.

Eine Anmeldung Ihrer Website bei einer Suchmaschine ist heute nicht mehr zwingend. Die Suchbots finden Sie! Anders sieht es bei den Webverzeichnissen aus. Dort müssen Sie Ihre Website anmelden und einem Redakteur zur Begutachtung einreichen. Die Aufnahme in diese Webverzeichnisse ist manchmal kostenpflichtig. Lesen Sie sich die Aufnahmebedingungen und Kosten in jedem Einzelfall durch. Empfehlenswert ist eine Aufnahme in das kostenlose Webverzeichnis DMOZ (http://www.dmoz.de).

Wie arbeiten Suchmaschinen?

Bleiben wir bei den eigentlichen Suchmaschinen, deren Daten automatisch gesammelt werden. Sie lassen das Netz von so genannten Robots, kleinen Programmen, durchpflügen, die selbstständig, ohne menschliches Zutun Seiten aufrufen und deren Inhalt nach bestimmten Kriterien prüfen. Dabei prüfen sie beispielsweise:

- Kommt der Suchbegriff in der URL vor?
- Kommt der Suchbegriff in den so genannten MetaTags vor?
- Wie häufig kommt der Begriff in der Website und deren Verzeichnisstruktur vor?

Alle gefundenen Informationen legt die Suchmaschine erst mal ab – in ihrer eigenen Datenbank. Auch das ist wichtig zu wissen: Das Netz wird von Suchmaschinen niemals live durchpflügt. Um eine Suchanfrage zu bearbeiten, sehen die Suchmaschinen in ihrer eigenen Datenbank nach, welche Treffer sie zur Verfügung stellen können.

Was ist das Ranking?

Nach jeder Suchanfrage werfen die Suchmaschinen Hunderte oder Tausende von Suchtreffern aus. Findet sich der Hinweis auf Ihre Seite unter den ersten 10 der angezeigten Suchergebnisse, dann haben Sie ein hervorragendes Ranking. Mit dem Begriff „Ranking" wird also der Rang oder die Position bezeichnet, an der sich eine Website unter den Suchtreffern befindet. Da nur wenige Treffer pro Seite angezeigt werden können, müssen Surfer klicken, um auch auf die hinteren Ränge zu kommen. Untersuchungen zeigen aber, dass nur ein verschwindend geringer Teil der Internetnutzer mehr als drei Seiten anklickt, um Suchergebnissen nachzugehen. Entscheidend für Ihren Erfolg im Internet ist also ein Ranking auf den vorderen Plätzen.

Wenn Sie wissen wollen, wie das Ranking zustande kommt, können Sie beispielsweise bei **www.google.de** die entsprechenden Hinweise lesen.

Wie verbessert man sein Ranking?

Suchmaschinen prüfen ob und wie häufig ein bestimmter Suchbegriff auf Ihren Seiten vorkommt. Die Häufigkeit des Vorkommens ist also ein erstes Indiz dafür, ob Ihre Seite die gesuchte Information enthält. Zusätzlich werden aber auch andere Parameter überprüft:

- Wird auf Ihre Seite häufig verlinkt?
- Wie häufig kommen die Suchbegriffe auf Seiten vor, die auf Sie verlinken?
- Wie relevant sind Seiten, die auf Ihre Seite verweisen?

Aus all diesen und vermutlich einer Menge anderer Parameter, die Suchmaschinenbetreiber für sich behalten, versucht die Suchmaschinensoftware Treffer auszuweisen.

Key Words, die Schlüssel zum Sucherfolg

Sie können Ihre Webseite speziell für die Arbeit der Suchmaschinen optimieren, mit dem Vorteil, dass Ihre Seite in der Liste der gefundenen Treffer auf den vorderen Plätzen steht. Suchmaschinenoptimierung ist eine Wissenschaft für sich und eine Dienstleistung, die zahlreiche darauf spezialisierte Firmen anbieten.

Wenn Sie nicht gerade ein global agierender Konzern sind, können Sie getrost darauf verzichten, diese Dienste in Anspruch zu nehmen. Denn die wichtigsten Maßnahmen zur Suchmaschinenoptimierung können Sie selbst durchführen. Beachten Sie einfach die nachfolgenden Tipps.

- **Key Words:** Key Words sind die Begriffe, die einen Surfer zu Ihrem Angebot führen können. Wählen Sie als Schlüsselbegriffe die wichtigsten Wörter, die Ihr Internetangebot charakterisieren. Überlegen Sie, was ein potentieller Interessent an Ihrem Angebot für Suchbegriffe eingeben würde, um die gewünschten Informationen zu erhalten. Für einen Online-Weinhändler wären dies beispielsweise die Begriffe: Wein, Reben, Weinhandel, Weinfachhandel, Bestellung, Weintipp, Winzer, Weinregionen, Weinempfehlung, Vinothek usw.

- **Verzeichnis- und Dateinamen:** Noch besser werden Ihre Optimierungsversuche, wenn Sie auf der gesamten Seite die für Sie wichtigen Schlüsselbegriffe möglichst häufig erscheinen lassen. Das können Sie beispielsweise, indem Sie Ihren Dateien und Verzeichnissen sprechende Namen geben, wie Wein, Bordeaux oder Weintipp. Vergessen Sie dabei auch nicht die Namen für Bilddateien: nennen Sie eine Bilddatei nicht DSC2020. Nennen Sie sie „Scheurebe" und Sie haben einen für Suchmaschinen lesbaren Inhalt geschaffen.

- **Metatext:** Neben den sichtbaren Schlüsselwörtern auf Ihrer Seite, wie sie im Text vorkommen, können Sie die Keywords auch unsichtbar hinterlegen. Ein spezieller HTML-Befehl ermöglicht es, diese Schlüsselwörter, speziell für Suchmaschinen zu hinterlegen.

Im HTML-Code befinden sich die Angaben, die Suchmaschinen das Indizieren, also das Einordnen Ihrer Seite in den Suchindex, erleichtern.

Vorsicht bei der Verwendung von Flash oder Javascript! Suchmaschinen können mit Flash-Animationen, Javascriptseiten oder dynamisch erzeugten Inhalten nichts anfangen. Selbst mit Frame-Aufteilung programmierte Seiten erschweren die Auswertung der Inhalte Ihrer Webseiten. Am besten ist es, wenn Ihre Seiten in klassischem statischem HTML programmiert sind.

```
<html>
<head>
        <title>Deutschertaschenbuch Verlag</title>
        <META Name="description" Content="dtv - Deutscher Taschen-
buch Verlag, München. Aktuelles Verlagsprogramm, Magazin, Neuer-
scheinungen, Katalogsuche">
        <META Name="keywords"
Content="dtv,Deutscher,Taschenbuch,Verlag,München,Verlagspro-
gramm, Magazin,Neuerscheinungen, Katalog,Bücher,Buch,Autor,book,
books,publischer,german,author">
</head>
```

Abb. 15: Beispiel für Metatext (Quelle: www.dtv.de)

Die Website bei der Suchmaschine anmelden, so geht es

Irgendwann schaut der Robot vielleicht mal auf Ihrer Seite vorbei. Das kann Wochen oder Monate dauern. Schneller geht es, wenn Sie den Suchmaschinen-Robot beauftragen Ihre Seite zu besuchen, zu bewerten und in die Datenbank aufzunehmen. Einen solchen Auftrag können Sie bei jeder Suchmaschine online erteilen.

Bei Google finden Sie das Auftragsformular und alle Hinweise zum Ausfüllen unter der Rubrik „Hinweise für Webmaster". Der Auftrag an den Robot ist derzeit nicht kostenpflichtig.

Ähnlich funktioniert es bei Yahoo, dem bekanntesten Webverzeichnis. Auch hier sollten Sie den Hinweisen folgen. Die Aufnahme in das Verzeichnis von Yahoo ist inzwischen für kommerzielle Webseiten, zu denen die Ihre ja gehört, kostenpflichtig und wird bei Erteilung des Auftrages innerhalb einer Woche bearbeitet.

Auch das gibt es: eine Anmeldesoftware, die Ihre Webseite automatisch bei mehreren Suchmaschinen gleichzeitig anmeldet. Manche dieser Softwaretools oder Services sind kostenlos, andere werden für ein paar Euro durchgeführt. Die Qualität dieser Dienste ist in jedem Fall schlechter, als eine manuelle Anmeldung. Da jede Suchmaschine nach anderen Methoden arbeitet, um Informationen zu sammeln, sollten Sie bei den wichtigsten Suchmaschinen diese Arbeit individuell durchführen, um optimale Ergebnisse zu erzielen.

Portale

Unter Umständen sucht man Sie auch in Portalen. Das sind Seiten, die von kommerziellen Anbietern oder auch Privatleuten zusammengestellt werden, um Informationen zu einem bestimmten Thema und Links dazu zu sammeln. Portale gibt es zu allen Interessengebieten, die man sich denken kann. Überlegen Sie, welche Portale Ihre Zielgruppe besuchen könnte. Finden Sie selbst Portale – über eine Suchmaschine. Bringen Sie in Erfahrung, ob Sie sich dort eintragen können und was ein Eintrag kostet.

Bannerwerbung und Adwords

Werbebanner

Leider ist dies ein Kapitel, das mit weniger guten Nachrichten anfängt. Denn der Nutzen von Werbebannern ist – außer bei ihren Ver-
käufern – höchst umstritten. Und damit wird die Investition in dieses Werbemittel eine weitgehend unkalkulierbare Sache.

Mit dem Begriff „Werbebanner" bezeichnet man alle möglichen Arten der Werbeeinblendungen auf Webseiten. Am häufigsten sind diese kleine Anzeigen, die meist am Rand von Seiten eingeblendet werden und wenn man sie anklickt, zu dem Internetauftritt des werben-
den Unternehmens führen. Andere bleiben nicht am Rand stehen,
sondern bewegen sich wie von Geisterhand über die ganze Webseite
hinweg. Und wieder andere öffnen sich auch ohne eigenes Zutun und
lassen sich manchmal nur mühsam wieder wegklicken. Die Werbe-
industrie experimentiert mit immer neuen Formen und strapaziert
damit die Geduld der Internetsurfer. Inzwischen gehören Banner zu
den unbeliebtesten Werbeformen überhaupt und sind in etwa so gern
gesehen wie unangemeldete Vertreterbesuche an der Haustür.

Internetsurfer sind übrigens blind für Banner. Untersuchungen
haben festgestellt, dass Banner häufig gar nicht wahrgenommen
werden. Ein Umstand, der als „banner blindness" in der Fachwelt
schon einen Namen hat.

Auch die gebräuchliche Abrechnungsmethode für Werbebanner
ist alles andere als geeignet, das wirtschaftliche Risiko zu mindern.
Denn Werbebanner werden in der Regel nach der Häufigkeit ihrer
Einblendung bezahlt. So mag es sein, dass ein Werbebanner zwar
hunderttausendmal angezeigt wurde, aber wegen der beschriebenen
„banner blindness" haben es womöglich nur ein paar Dutzend Leute gesehen.

Und trotzdem, es gibt Fälle, da kommt der Bannereinsatz auch für
Ihr Unternehmen in Frage:

• **Unterhaltungswert**: Sie wollen auf einer Seite werben, die weniger
  aufgrund ihres Informationswerts, sondern vielmehr wegen ihres
  Unterhaltungswerts besucht wird? Dann darf es auch ein poppi-
  ges und verrücktes Banner sein.

- **Relevanz:** Die Seite, auf der Sie ein Banner schalten wollen, ist von hoher Relevanz für Ihr Angebot. Das ist immer dann der Fall, wenn die betreffende Seite oder Unterseite der Homepage ein fachspezifisches Thema aufweist. Wenn Sie sich zu 100 % sicher sind, im richtigen Umfeld zu werben, wird Ihre Werbung auch für die Besucher dieser Seite relevant sein.

So generierte ein kleines, von mir beratenes Reisebüro nahezu 100 % seines Online-Verkehrs auf der Homepage durch die Schaltung eines einzigen Banners. Es befand sich auf der Homepage des nächstgelegenen Flughafens.

Kleine Bannerkunde

Obwohl laut DMMV (Deutscher Multimedia Verband) „die Online-Werbebranche ständig über neue Werbeformen jenseits des Banners laut nachdenkt und neue Technologien fordert, ist das Banner zurzeit die Online-Werbeform Nummer Eins im World Wide Web". Dies liegt zum einen an der mittlerweile einfachen Handhabung der verschiedensten Banner, zum anderen am umfassenden Angebot an Werbeplätzen für Banner im Netz. Dementsprechend viele Bannerarten gibt es:

- **Statische Banner:** Diese einfach zu erstellenden statischen Banner, blinken und hupen nicht. Es sind lediglich starre Grafiken, Bilder, Schriftzüge oder Texte, die sich anklicken lassen.
- **Animierte Banner:** Durch den Wechsel mehrerer Einzelbilder wird ein Bewegungseffekt erzeugt. Einfach zu erstellen und trotzdem wirkungsvoll.
- **HTML-Banner:** In diesem aufwendiger zu erstellendem Banner lassen sich interaktive Elemente wie Pull-Down-Menüs oder Auswahlboxen integrieren. Ein solches Banner kann schon als Bestellschein dienen oder ermöglicht dem Nutzer eine Vorauswahl zu treffen, auf welche Seiten Ihrer Homepage er „gelinkt" werden möchte.
- **Nanosite-Banner:** Das ist schon eine Miniwebsite, die mehrere Unterseiten enthalten kann. Diese Miniaturausgabe der Website kann benutzt werden, ohne dass die ursprünglich aufgerufene

Informationsseite, die dieses Nanosite-Banner enthält, verlassen werden muss.

- **Rich-Media-Banner:** Wenn ein Banner durch weitere Medien wie z. B. Video oder Audio angereichert wird, heißt dies Rich-Media-Banner.
- **Interstitials:** Das Prinzip der Unterbrecherwerbung übertragen auf das Internet: Vor dem Laden einer Informationsseite wird eine Werbeseite zwischengeschaltet. Da Surfer auf diese Form der Werbung meist genervt reagieren, ist davon eher abzuraten.
- **Pop-Up-Advertisement:** Sonderform des Interstitials, die in einem zusätzlich geöffneten Browserfenster erscheint.

> Gestalten Sie keine Banner, die Surfer nerven können. Besser als ein übertriebener Einsatz von Technik und plumpen Effekten ist ein Dialog, der die Besucher auf Ihre Seite führt.

Eine Umfrage des DMMV hat ergeben, dass 70–80 % aller Banner im Format 468 × 60 Pixel gebucht und ausgeliefert werden. Die Standard-Bannergrößen sind:

- 468 × 60 Pixel
- 234 × 60 Pixel
- 156 × 60 Pixel
- 125 × 125 Pixel
- 400 × 50 Pixel
- 120 × 600 Pixel (Skyscraper)
- 180 × 150 Pixel

Ein paar der derzeit gebräuchlichen Bannerformate zeigt Abb. 16.

> **Profitipp:** Bezahlen Sie Ihre Bannerwerbung nicht nach der Häufigkeit ihrer Einblendung („pay per view"), sondern nach den tatsächlichen Klicks, die Ihr Banner erzielt hat („pay per click").

Wer sucht, der findet Werbung

Die von der Suchmaschine Google angebotene Werbeform Adwords stellt alle Prinzipien bisheriger Werbeträgervermarktung auf

Aktuelle Geschichten von
kaputtem Marketing, neuen
Technologien und
Veränderungen im Internet.

Woher kriegen Sie **ihre
neuen Ideen?**

Das E-Business Weblog

156 × 120 Pixel

300 × 250 Pixel

468 × 60 Pixel

468 × 60 Pixel

Abb. 16: Bannerarten und Formate

den Kopf. In allen klassischen Medien bezahlen Werbungtreibende bereits für die bloße Platzierung einer Anzeige, eines Plakates oder eines Rundfunkspots. Auch die Bannerwerber haben dieses Prinzip des „Cost-per-View", also die Bezahlung für das bloße Ansehen der Anzeige zunächst übernommen. Anders bei Google. Bei dem von Google angebotenem Programm bezahlen Sie nur für den Besucher, der durch einen Klick aufs Banner zu Ihrer Website findet. „Cost-per-Click" heißt das und wird zu Preisen offeriert, die es für jedes kleinere Unternehmen attraktiv machen.

Was sind die Adwords?

Adwords sind kleine Textanzeigen, die neben den Suchtreffern von Google eingeblendet werden. Ganz wie Werbebanner. Allerdings sehen sie nicht wie solche aus. In Google Adwords können Sie keinerlei Grafiken einbinden und auch ansonsten gibt es exakte Regeln für ihren Aufbau, die Sie unter www.adwords.google.de nachlesen können. Ihr großer Vorteil ist, dass solche Adwords nach dem „Cost-per-Click"-Verfahren abgerechnet und bezahlt werden.

Wortanzeigen wie in Abbildung 17 werden von der Suchmaschine Google neben den Suchtreffern eingeblendet.

Google Adwords werden in wenigen Schritten von Ihnen selbst gestaltet und zur Einschaltung an Google übermittelt:

• **Auswahl der Sprachen und Länder:** Legen Sie fest, in welchen Sprachen und in welchen Ländern Ihre Anzeige erscheinen soll.

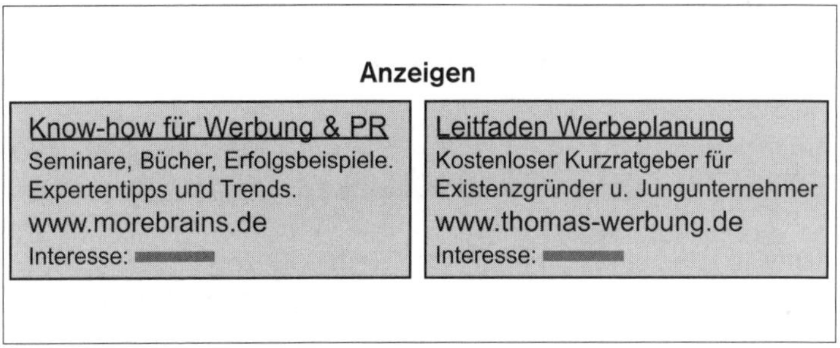

Abb. 17: Beispiel Adwords

- **Erstellung Ihrer Anzeige:** Geben Sie eine Überschrift ein (maximal 25 Zeichen), zwei beschreibende Zeilen (je maximal 35 Zeichen), die anzuzeigende Internet-Adresse (max. 35 Zeichen), sowie den kompletten Link für diese Adresse (maximal 1024 Zeichen).
- **Angabe der Keywords:** Geben Sie die Suchbegriffe ein, bei denen Ihre Werbung eingeblendet werden soll. Dazu stellt Google Ihnen ein Keyword-Vorschlagstool zur Verfügung.
- **Festlegung des maximalen Preises:** Geben Sie den Betrag ein, den Sie höchstens für jeden Klick bezahlen wollen.
- **Festlegung des Tagesbudgets:** Legen Sie die Höhe Ihrer maximalen täglichen Werbeausgaben fest. Dazu macht Ihnen Google einen Vorschlag. Wenn Sie einen niedrigeren Betrag eingeben, kann es passieren, dass Ihre Werbung seltener zu sehen sein wird.
- **Auftragserteilung:** Zu guter Letzt geben Sie Ihre E-Mail-Adresse, ein Passwort und nach der Zusendung der Bestätigungs-Mail, Ihre persönlichen Daten sowie die Daten Ihrer Kreditkarte ein. Dann ist Ihre Werbung bereits online und kann beim nächsten von Ihnen angegebenen Suchbegriff angezeigt werden. Mit Ihrer Mail-Adresse und Ihrem Passwort landen Sie per Login in der Kampagnenverwaltung und kontrollieren in Echtzeit den Erfolg Ihrer Werbung.

Profitipp: Brauchen Sie Ideen für Keywords, also die Suchbegriffe, bei denen Ihre Wortanzeige eingeblendet werden soll? Sehen Sie bei der Konkurrenz nach. Holen Sie sich Anregungen für Keywords, indem Sie sich auf der Startseite Ihrer Wettbewerber den HTML-Quelltext anzeigen lassen. Sie finden die Keywords im Metatext.

Inzwischen bieten alle Suchmaschinen vergleichbare Werbemöglichkeiten.

E-Mails, Ihre elektronische Visitenkarte

E-Mails sind eine sehr praktische Sache, sie sind im Handumdrehen geschrieben, sie lassen sich mit einem Druck auf den CC-Knopf (CC= Kopie an:) an weitere Empfänger verteilen und sie können eine Menge weiterer Dateien wie Texte, Bilder, Musikstücke oder

Videos als Attachments (Anlagen) aufnehmen. Und das ganz ohne Porto, wie praktisch.

Gerade weil dies alles so praktisch und so einfach mit ein paar Mausklicks geht, sind E-Mails so etwas wie eine echte Plage geworden. Neben vielen E-Mails, die von Mitarbeitern, Freunden und Geschäftspartnern kommen, trifft eine Flut von Werbe-E-Mails ein. Und dann gibt es noch „Spam". Jede unaufgefordert zugesandte E-Mail, die nicht von einem Bekannten oder Geschäftspartner stammt, ist „Spam", und als solcher verboten. Verschweigen wir auch nicht die Zunahme von E-Mails innerhalb der Unternehmen. Wo man früher noch überlegte, wer eine Kopie von diesem oder jenem Vorgang erhalten müsste, drückt man heutzutage schnell auf den CC-Knopf: Kopie an alle.

Die Folge ist eine Überflutung der Mailboxen und eine Überlastung der Empfänger. Von den meisten E-Mails werden nur die Betreffzeilen gelesen, der Rest gelöscht. Auch der Papierkorb ist schließlich auf dem PC einfacher zu leeren als im wirklichen Leben.

Allein durch die Beachtung ein paar einfacher Grundregeln verschaffen Sie sich per E-Mail einen Wettbewerbsvorteil. Vermeiden Sie einfach die Fehler der Konkurrenz.

Versenden Sie keine unerwünschten E-Mails

Erstens ist es gesetzlich nicht zulässig, zweitens können Empfänger so genervt sein, dass der Schaden für Sie größer ist, als der Nutzen. Holen Sie sich also in jedem Fall eine Einverständniserklärung des Adressaten. Am einfachsten geht das, indem Sie auf Ihrer Homepage eine Bestellmöglichkeit für E-Mails anbieten:

- „Gerne informieren wir Sie kostenlos über die interessantesten Angebote für Sie. Einfach hier klicken."

Der Vorteil an dieser Methode ist, dass Sie in Ihrer Adressdatenbank für den E-Mail-Verkehr ausschließlich Interessierte gesammelt haben, die Ihrem Angebot aufgeschlossen gegenüber stehen. Wie steht es mit Ihren Kunden, Lieferanten, Geschäftspartnern? Juristisch gesehen dürfen Sie Ihre Kunden ungefragt per E-Mail kontaktieren. Der Grund: Da Sie schon in einer Geschäftsbeziehung stehen, ist die Zusendung einer Werbe-E-Mail erlaubt. Tun Sie es trotzdem nicht. Fragen Sie lieber auch hier, wer Werbe-E-Mails erhalten möchte und wer nicht. Oder wollen Sie Ihre Kunden nerven?

Mit der E-Mail-Adresse fängt es an

Auch wenn Sie der einzige Vertriebsmitarbeiter Ihres Hauses sind – verstecken Sie sich nicht hinter der E-Mail-Adresse **Vertrieb@ irgendwo.de.** Wählen Sie auch keine unerklärlichen Kürzel. Wählen Sie einfach Ihren Vor- und Zunamen. Das ist die persönlichste, direkteste und sympathischste Form, sich mit dieser Adresse bekannt zu machen.

Wenn Sie eine Sammeladresse bevorzugen, dann nennen Sie diese nicht wie alle anderen info@irgendwo.de. Wählen Sie einen sympathischen Namen, der Ihren potentiellen Kunden freundlich entgegenkommt und leicht im Gedächtnis bleibt. Seien Sie beim Erfinden dieser Sammeladresse ruhig kreativ. Wie wäre es damit?

- willkommen@
- hereinspaziert@
- weinkeller@
- schneidermeister@
- backstube@

Ein Betreff, der es trifft

Es muss an dem Wörtchen Betreff liegen. Alle Deutschsprachigen glauben, man könnte in Betreffzeilen nur Sätze im Nominalstil formulieren, etwa:

- Angebot
- Freischaltung

Dabei wissen wir doch, dass ein großer Prozentsatz von E-Mails ungeöffnet in den Papierkorb wandert, weil die Betreffzeile nicht interessant genug ist. Machen Sie daher in der Betreffzeile den Bezug zu Ihrer Person und den Bezug zum Inhalt der E-Mail deutlich. Werden Sie so persönlich und so konkret wie möglich.

- Unser Gespräch beim Wirtschaftsforum, ergänzende Informationen
- Greifen Sie zu: Digitalkamera xy jetzt 50 % billiger

Text oder HTML E-Mails

Viele Werbeleute empfehlen Ihnen, Ihre E-Mails mit Bildern, Grafiken etc. aufzupeppen. Technisch ist das kein Problem. E-Mails lassen sich von den meisten Mailprogrammen im HTML-Standard versenden und können dann auch Bilder anzeigen. Ob das Mailprogramm Ihres Empfängers aber auch den Empfang von HTML E-Mails zulässt, ist eine andere Frage. Da Sie ohnehin die Erlaubnis zum Versand von E-Mails einholen, klären Sie diese Frage mit Ihrem potentiellen Empfänger. Möglich wäre der Versand im Nur-Text Standard, im HTML-Format oder im Multi-Part-Standard, der eine E-Mail in beiden Varianten (Text und HTML) darstellt, je nachdem welche Option der Empfänger zulässt.

Aus Werbesicht scheinen E-Mails, die die Integration von Bildern und eine bessere Gestaltung ermöglichen, den reinen Nur-Text-Darstellungen überlegen zu sein. Allerdings wird eine gut formulierte E-Mail, die schnell und sachlich informiert, ihre Wirkung ebenfalls nicht verfehlen. Integrieren Sie Bilder daher nur, wenn Sie der Meinung sind, die Aussagekraft Ihrer E-Mail zu verstärken. Reine Stimmungsbilder, wie sie in anderen Werbeformen verwendet werden, haben keinen Informationswert. Sie kosten nur Datenvolumen.

Attachments

Verzichten Sie darauf, Ihren Werbe-E-Mails „Attachments" (Anlagen) beizufügen. Sie erhöhen das Datenvolumen und die Kosten, sowohl bei Ihnen als auch beim Empfänger. Auch vom werblichen Standpunkt sind Attachments alles andere als ideal, um eine Botschaft zu übermitteln. Sie sind einen Klick zu weit entfernt, was heißen kann, dass Sie aus Zeitgründen oder mangelndem Interesse nie geöffnet werden. Attachments sind Geschäftskontakten vorbehalten, bei denen es zwingend darauf ankommt, die angeforderten Dokumente wie Bilder, Verträge, Texte etc. zu übermitteln.

CC

Versenden Sie eine Werbe-E-Mail niemals mit dem CC-Befehl (Kopie an:) an eine Gruppe von Empfängern. Jede Werbe-E-Mail muss den Charakter eines persönlich an den Adressaten gerichteten Schreibens haben. Jede ins CC-Feld gesetzte Adresse wird aber an den gesamten Verteiler Ihres Schreibens übermittelt. So machen Sie dem Leser deutlich, dass er nur ein Adressat von vielen ist, der Ihre Werbe-E-Mail erhält und schmälern den Wert Ihres Schreibens. Und Sie übermitteln ihm auch die E-Mail-Adressen von Ihren anderen potentiellen Kunden.

Signatur

Für geschäftliche E-Mails gelten in Deutschland dieselben Rechtsvorschriften wie für Geschäftsbriefe. Diese elektronische Post muss demnach Folgendes enthalten:

Einzelkaufmann, im Handelsregister eingetragen:
- Den vollständigen Firmennamen in Übereinstimmung mit dem im Handelsregister eingetragenen Wortlaut,
- Der Rechtsformzusatz „eingetragener Kaufmann", „eingetragene Kauffrau" oder eine Abkürzung dieser Bezeichnung wie beispielsweise „e. K.", „eK", „e. Kfm." oder „e. Kfr.",
- Der Ort seiner Handelsniederlassung,
- Registergericht und Handelsregister-Nummer.

GmbH:
- Den vollständigen Firmennamen in Übereinstimmung mit dem im Handelsregister eingetragenen Wortlaut,
- Rechtsform der Gesellschaft,
- Sitz der Gesellschaft,
- Registergericht und Handelsregister-Nummer,
- Alle Geschäftsführer.

Aktiengesellschaft:
- Den vollständigen Firmennamen in Übereinstimmung mit dem im Handelsregister eingetragenen Wortlaut,
- Rechtsform der Gesellschaft,
- Sitz der Gesellschaft,
- Registergericht des Sitzes der Gesellschaft und die Handelsregister-Nummer,

- Alle Vorstandsmitglieder sowie den Vorsitzenden des Aufsichtsrats mit dem Familiennamen und mindestens einem ausgeschriebenen Vornamen,
- Der Vorsitzende des Vorstandes muss als Vorstandsvorsitzender bezeichnet werden.

Auch für Kleinunternehmer und Freiberufler gilt diese Regelung. Sie sollten in ihren E-Mails den vollen ausgeschriebenen Vor- und Zunamen angeben und müssen eine ladungsfähige Anschrift mitteilen.

Eine Signatur, die die obigen Angaben enthält, entspricht damit zwar dem Gesetz, werbewirksam ist sie deshalb aber noch lange nicht. Das werden Sie durch zusätzliche Informationen, die Sie für einen bestimmten Zeitraum in die Signatur einfügen. Hinweise auf Sonderangebote, Neuigkeiten aus dem Unternehmen, Messeeinladungen oder auch Referenzen, die Sie z. B. als Zitat einfügen können, sind dort perfekt platziert. Einmal in die Signatur eingefügt, verbreiten sich diese Werbebotschaften mit jeder E-Mail automatisch weiter.

Tipp: Achten Sie darauf, dass Sie die E-Mail-Signaturen innerhalb Ihres Unternehmens vereinheitlichen. Der einmal von Ihnen festgelegte Aufbau sollte für alle Mitarbeiter gelten, die E-Mails an Externe schreiben.

Werbung

Nutzen Sie geschäftliche E-Mail-Korrespondenz immer auch zu Werbezwecken. Versenden Sie keine E-Mail ohne Werbebotschaft. Dabei dürfen Sie keine langen Sätze machen. Ein kurzer Zweizeiler genügt! Nehmen Sie zum Beispiel in die Signatur kurze Werbebotschaften auf, die Sie von Zeit zu Zeit ändern:

- Unser neuer Online-Newsletter ist da. Hier können Sie ihn lesen!
- Der Frühling ist da. Die Schnäppchen dürfen raus!
- Noch drei Wochen bis zum Start. Unser Software Release 3.0 erscheint!
- Noch stärker. Noch besser. Rasenmäher mit Benzinmotor.

Noch perfekter wird diese Werbung, wenn Sie die entsprechenden Zeilen mit einem Link versehen, der zu Ihrer Internetseite führt und dort das Angebot näher erläutert.

Wie man einen Online-Newsletter aufbaut und damit Kunden gewinnt

Was ein Online-Newsletter ist

Ein Online-Newsletter ist ein Informationsdienst für Ihre Geschäftspartner, den Sie per E-Mail versenden. In seiner einfachsten und wirksamsten Form ist er nichts anderes, als eine aus Texten und Links oder gegebenenfalls auch Bildern bestehende E-Mail.

Ein Online-Newsletter ist eine fantastische Möglichkeit, um:

• den Dialog mit den Kunden zu fördern,
• bestehenden Kunden Angebote für Ergänzungs- oder Neukauf und Serviceangebote zu unterbreiten,
• Neukunden zu akquirieren,
• Meinungsbilder und Presse über die Aktivitäten Ihres Unternehmens auf dem Laufenden zu halten.

Wie Sie einen Online-Newsletter aufbauen

Sich einmal hinzusetzen und einen Online-Newsletter zu erstellen, reicht nicht aus. Wie für jede wirksame Werbemaßnahme brauchen Sie für Ihren Online-Newsletter ein klares Konzept. An wen soll er sich richten – daraus leiten Sie die Inhalte ab. Wer kann ihn erstellen – daraus leiten Sie die Zuständigkeiten ab. Was soll er überhaupt bewirken – Ihre Ziele sind wichtig. Welche Folgeaktivitäten soll er auslösen – Direktkauf, Kaufanfragen, Adressgewinnung?

Ziele und Zielgruppen

In einem ersten Schritt müssen Sie die Zielsetzungen definieren. Bei einem Start-up geht es vor allem darum, Entscheidungsträger für Ihre Produkte zu begeistern und sich im Markt einen Bekanntheitsgrad aufzubauen. Deshalb ist es gut, in einem Newsletter neben Kunden und potentiellen Auftraggebern auch Multiplikatoren wie die Vertreter der Presse, Freunde des Unternehmens und Geschäftspartner, ja selbst Banken und andere Finanzierer über die Fortschritte Ihres Unternehmens auf dem Laufenden zu halten.

Die Inhalte

Alles was neu ist, muss kommuniziert werden, zum Beispiel neue Produkte, neue Mitarbeiter, neue Geschäftsabschlüsse, neue Räume, erweiterte Öffnungszeiten und vieles mehr. Auch das ist wichtig:

- neue Inhalte auf Ihrer Homepage,
- ein neuer Flyer,
- die Teilnahme an Messen oder Kongressen.

Legen Sie fest, wie viele Meldungen pro Newsletter Sie aufnehmen möchten. In der Regel reichen 6–8 kurze Meldungen. Wichtig: Nehmen Sie nur Nachrichten über Ihr Unternehmen auf. Machen Sie nicht den Fehler – wie viele andere – in einem Newsletter auch noch Branchen- und Wirtschaftsmeldungen wiederzugeben oder Ihre persönliche Linksammlung zu offenbaren. Vergessen Sie nicht: Sie sind nicht der Herausgeber einer Fachzeitschrift, sondern wollen Ihr Unternehmen voranbringen.

Erscheinungshäufigkeit

Legen Sie fest, in welchen Abständen Ihr Newsletter erscheinen soll. In einem sehr dynamischen Umfeld können Sie Ihren Newsletter ruhig wöchentlich herausgeben. Vielleicht tut sich aber weniger in Ihrem Unternehmen und Sie halten ein längeres Intervall für angemessen. Wählen Sie keinesfalls Erscheinungsintervalle von mehr als vier Wochen. Die Gefahr, dass man sich beim nächsten Erscheinungstermin nicht mehr daran erinnert, von wem dieser Newsletter überhaupt stammt, ist zu groß.

Kommunizieren Sie nie den exakten Erscheinungstermin Ihres Newsletters. Sie setzen sich damit unnötig unter Druck, den Newsletter zu einem bestimmten Termin fertig zu stellen. Nach außen hin sagen Sie: „Der Newsletter erscheint in der Regel alle x Wochen, bei Bedarf auch öfter."

Nehmen Sie sich die Freiheit, eine Sonderausgabe Ihres Newsletters zu versenden. Etwa dann, wenn ein wichtiger Geschäftsabschluss zu verzeichnen ist, eine neue Produktlinie erscheint oder eine wichtige Messe bevorsteht, an der Sie teilnehmen.

Feed-back

Geben Sie dem Empfänger Ihres Newsletters Gelegenheit darauf zu reagieren, etwa so:

• Wenn Sie mehr über dieses Produkt wissen wollen, rufen Sie mich an unter der Durchwahl...
• Detaillierte Infos zu diesem Thema finden Sie auf unserer Website unter...
• Wenn Sie hier klicken, nehmen Sie an der Verlosung von xx teil.

Texte

Newsletter finden mehr Akzeptanz, wenn sie nicht als reine Werbe-Newsletter konzipiert sind. Also formulieren Sie sachlich und ohne Übertreibungen. Haben Sie den Nutzen des Kunden im Auge, der von Ihnen kein Produkt, sondern eine Lösung kaufen will. Verwenden Sie kurze Sätze wie bei E-Mails und Internettexten: 10 Wörter genügen vollauf. Teilen Sie lange Sätze in kurze Sätze auf. Vermeiden Sie Neben- und Relativsätze. Streichen Sie überflüssige Füllwörter heraus. Wörter wie „eigentlich" haben in einem Newsletter nichts verloren.

Die Erfolgskriterien für Ihren Online-Newsletter

• **Personalisierung:** Viele Newsletter scheitern daran, dass sie nicht an eine bestimmte Person gerichtet sind, sondern an eine Sammeladresse verschickt werden. Oftmals werden sie dort gar nicht gelesen. Und je weniger Sie über Ihren Adressaten wissen, desto schlechter können Sie auf seine Bedürfnisse eingehen.
• **An- und Abmeldung**: Schenken Sie dem Anmeldeverfahren besondere Beachtung. Fragen Sie bei der Anmeldung nur die E-Mail-Adresse und den ausgeschriebenen Vor- und Zunamen ab. Ansonsten halten Sie viele potentielle Benutzer vom Bestellen Ihres Newsletters ab. Sichern Sie den Empfängern zu, Ihre E-Mail-Adressen vertraulich zu behandeln und nicht an Dritte weiter zu geben. Senden Sie eine Bestätigungsmail und – wenn möglich – einen Bestätigungslink mit. Erst dann nehmen Sie den Newslet-

terversand vor. Sorgen Sie für eine einfache Abmeldung per E-Mail.

- **Versandtermin:** Mag sein, dass Sie Ihren Newsletter dann schreiben, wenn andere Wochenende haben. Für einen Selbständigen ist ja Wochenendarbeit nicht verboten. Aber keinesfalls sollten Sie Ihren Newsletter am Wochenende versenden, wenn er niemanden erreicht. Wenn er montags mit einer Menge anderer E-Mails zugestellt wird, die Entscheider in der Wochenvorbereitung (den so genannten Montagsmeetings) sind, ist dies ein denkbar schlechter Zeitpunkt für Ihren Newsletter gelesen zu werden. Der ideale Zeitpunkt ist zur Wochenmitte. Versenden Sie Ihren Newsletter immer während der Geschäftszeiten und auch hier nicht zum Ende des Arbeitstages, der in vielen Unternehmen schon gegen 16.30 Uhr ist.

- **Adressenstamm:** Widmen Sie der Pflege Ihrer Adressdatenbank besondere Aufmerksamkeit und wählen Sie dazu gegebenenfalls eine Software, um sie mit anderen Kundendaten zu verknüpfen. So gewinnen Sie mit der Zeit ein immer klareres Bild Ihrer potentiellen und bereits gewonnenen Kunden.

- **Verknüpfung:** Achten Sie darauf, dass sämtliche Artikel auch als direkte Links zur entsprechenden Seite auf Ihrer Homepage weisen. Links sollten so genannte Deep Links sein, die sofort an die Fundstelle springen und nicht auf die Startseite Ihrer Website. Auch wenn Sie Ansprechpartner nennen: sorgen Sie dafür, dass diese direkt aus dem Newsletter heraus mit einem Klick angemailt werden können. So machen Sie es dem Nutzer so einfach wie möglich, Ihr Angebot wahrzunehmen.

> **Profitipp:** Platzieren Sie die Anmeldung zum Bezug des Online-Newsletters immer auf der Startseite Ihrer Homepage. So generieren Sie die höchste Aufmerksamkeit für diesen Service und gewinnen die meisten Leser.

Nutzen Sie Autoresponder

Wer ein E-Mail-Konto hat, kann auch einen Autoresponder einsetzen – einen automatischen Beantworter. Autoresponder sind für die E-Mail das, was der Anrufbeantworter für das Telefon darstellt. Sie versenden automatisch eine bereits vorbereitete E-Mail an den Anfrager. So werden Autoresponder in den meisten Fällen zur Kundenabwehr eingesetzt: „Herzlichen Dank für Ihre Nachricht. Ich bin vom 1. August bis 14. August im Urlaub. Ihre Mail wird in dieser Zeit nicht bearbeitet. Bitte wenden Sie sich in dringenden Fällen an meine Kollegin."

Aber anstatt der Nachricht, dass der gewünschte Teilnehmer nicht zu erreichen ist, kann der Autoresponder eine ganze Menge mehr für Sie bewirken.

Sein Einsatz ermöglicht es nahezu unbegrenzt viele Anfragen schnell, sicher und korrekt zu beantworten. Der Autoresponder ist – richtig eingesetzt – kein Mittel um Kunden abzuwehren, sondern ein differenziert einsetzbares Tool, um Kunden in Nullkommanix zufrieden zu stellen.

Ähnlich wie beim kostenpflichtigen Faxabruf, den viele Verlage für Ihre Leser bereithalten, um sie mit Informationen zu versorgen, können auch Sie eine Menge Informationen für Ihre Kunden zur Verfügung stellen:

• Das Menü der Woche
• Die Schnäppchen des Monats
• Bedienungsanleitungen
• Checklisten
• Rezepte
• Preislisten
• Ersatzteillisten
• Handbücher
• Last-Minute-Angebote
• Seminarunterlagen
• Termine

Nutzen Sie die Technik der automatischen E-Mail-Antworten also für wirkliche Serviceleistungen an Ihre Kunden und Sie haben damit ein kostenloses Werkzeug in der Hand, mit dem Sie Ihre Kundenkommunikation auf komfortable Weise vervielfachen können. Binden Sie die Hinweise auf Ihren Serviceleistungen in anderen Medien mit ein. Etwa in Anzeigen, in Ihrem Briefbogen, in der Signatur Ihrer E-Mails. Wenn Sie den Hinweis auf den Autoresponder in Ihrer Webseite einbringen, können Sie ein Eingabeformular gestalten lassen:

Kostenlose Informationen sofort für Sie... einfach E-Mail-Adresse eintragen: [   ]

Legen Sie sich für jeden Autoresponder eine E-Mail-Adresse zu. So können Sie die Interessen Ihrer Geschäftspartner filtern und Informationen gezielter anbieten, etwa schnäppchen@, ersatzteile@, rezepte@. Autoresponder ersetzen jedoch keinen Newsletter. Im Gegensatz zum Newsletter, bei dem sich die Benutzer für einen regelmäßigen Bezug von Informationen eintragen, muss der Autorespondereintrag immer wieder neu vorgenommen werden. Autoresponder sind daher kein Ersatz für den Newsletter und sie können aus datenschutzrechtlichen Gründen auch nicht zum Aufbau einer E-Mail-Datenbank benutzt werden.

Autoresponder einrichten, so geht es

Die Autoresponderfunktion lässt sich auf jedem Mailserver einrichten. Sprechen Sie mit Ihrem Provider. Wenn Sie einen kostenlosen Briefkasten bei GMX, Web.de, Yahoo oder Freenet haben, können Sie diese Funktion selbst einrichten. Sie finden Sie allerdings nicht immer unter dem Stichwort Autoresponder, sondern manchmal auch als „Abwesenheitsschaltung" oder „Automatische Antwort" deklariert.

Was sind Microsites?

Das Wort Micro sagt es schon. Microsites sind kleinere Websites. Eigenständige kleine Internetpräsenzen, die sich zusätzlich zu Ihrer Website in einem eigenen, kleineren Browserfenster als Zusatz-Angebot öffnen. Sie haben nicht den Anspruch, ein Unternehmen und seine ganze Angebotspalette darzustellen. Ihr Zweck ist die Darstellung eines ganz bestimmten Themas für eine eng umrissene Zielgruppe. Der Vorteil der Microsites ist neben dem komprimierten Inhalt auch die stark vereinfachte Navigation. Und damit sind die In-

Abb. 18: Microsite Citibank (Quelle: www.citibank.de)

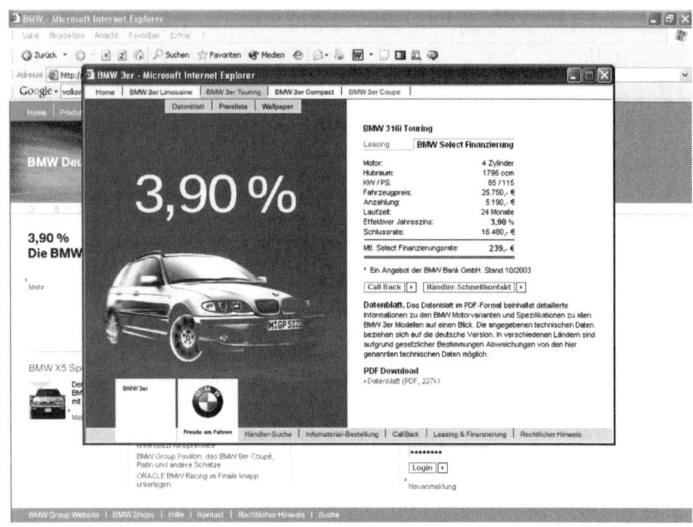

Abb. 19: Microsite BMW (Quelle: www.bmw.de)

halte von Microsites in aller Regel leichter zugänglich und nutzbar, als wenn sie in eine Seite Ihres Webauftritts einsortiert wären.

Einen Kreditrechner hat die Citibank in ihre Microsite gepackt. Mit wenigen Klicks erfährt man seine monatliche Ratenbelastung und kann zum Online-Kreditantrag weiter (Abbildung 18).

Achtung Sonderangebot! Dieses Finanzierungsangebot sprang beim Besuchen der BMW-Homepage sofort ins Auge. Gut war, dass in der Microsite alle Informationen zu Produkt, Preis und Finanzierung übersichtlich vereint waren. Schlecht war, dass die Microsite die Hauptseite so verdeckt, dass die Navigationselemente nicht mehr bedienbar waren (Abbildung 19).

Der Einsatz von Microsites bringt Ihnen für Ihre Werbung eine ganze Menge Vorteile:

- **Höhere Aufmerksamkeit:** Microsites können Sie als Pop-Up-Fenster einsetzen, das sich automatisch beim Besuch Ihrer Homepage öffnet. Als dynamisch hervortretendes Element auf Ihrer Startseite, zieht ein solches Fenster eine höhere Aufmerksamkeit auf sich.

- **Eigene URL:** Eine Microsite kann eine eigene Adresse im Web erhalten. Sie können diese Adresse eigenständig bewerben, extra bei Suchmaschinen eintragen und alles tun, um neben Ihrer eigentlichen Website ein sehr gut auffindbares Informationsangebot zu schaffen.

- **Autonomes Angebot:** Microsites müssen und sollen in der Regel gar nicht in die Navigationsstruktur Ihrer Website eingebunden werden. Bevor Sie für ein neues Informationsangebot einen neuen Menüpunkt oder einen neuen Button entwerfen müssen und damit eventuell die Navigationsstruktur zum Nachteil verändern, entwerfen Sie lieber eine Microsite.

Microsites können Sie einsetzen:

- **In Kombination mit einem Werbebanner**: Surfer sind flüchtig. Kombinieren Sie Microsites mit einem Werbebanner und sie kommen schneller ans Ziel. Surfer, die das Banner anklicken, werden direkt auf diese Seite geführt und können dort die sie interessierenden Informationen sofort auffinden. Ohne sich mit der Navigation auf Ihren Webseiten auseinander setzen zu müssen. Ohne durch andere Informationen von ihrem eigentlichen Suchziel abgelenkt zu werden.

- **Als zeitlich befristete Verkaufsförderung:** Sie wollen eine bestimmte Ware oder Dienstleistung verkaufen? Ihr Angebot soll befristet gelten? Dann ist eine Microsite der ideale Weg. Schalten Sie Ihre Microsite solange das Angebot läuft und nehmen Sie diese dann wieder vom Netz. Ihr eigentlicher Webauftritt muss nicht verändert werden.

- **Als Sonderwerbung:** Automobilhersteller setzen regelmäßig Microsites ein. Etwa um eine bestimmte Zielgruppe auf ein bestimmtes Auto anzusprechen. Um ein neues Modell einzuführen. Mit Microsites können Sie also für besondere Anlässe ein besonders aufmerksamkeitsstarkes Angebot schaffen. Anlass für solche Sonderwerbung kann eine Messeteilnahme sein, eine Ausbildungsinitiative oder die Kooperation mit einem anderen Unternehmen.

- **Als interaktives Bestellfenster:** Microsites können dazu dienen, einen Kaufvorgang vollständig zu begleiten und abzuschließen. Ein Surfer, der sich für Ihr Produkt interessiert, kann dabei Schritt für Schritt zur Bestellung geführt werden. Ein gutes Beispiel, wie man solche Bestellvorgänge Schritt für Schritt anwenderfreundlich durchführt, bietet die Buchbestellung bei Amazon.

- **Als Spielefenster:** In Microsites können Sie auch spezielle Features wie Spiele etc. integrieren, die Sie losgelöst von Ihrem Webauftritt anbieten, um eine größere Breitenwirkung zu erreichen. Auch große Marken tun das. Sie erleichtern damit die Mund-zu-Mund-Propaganda und erhöhen die Nutzung dieser Spiele. Natürlich können Sie Spiele auch als Gewinnspiele veranstalten und die Spiel-Microsite zur Gewinnung von Adressen nutzen, indem Sie Spieler um Registrierung bitten.

Weblog statt Website

Eine besondere Art von Webseiten sind die so genannten Weblogs (zusammengesetzt aus „Web" und „Log" für Logbuch). Ähnlich wie die Schiffskapitäne in früheren Zeiten ein Logbuch führten, in dem sie Auffälligkeiten des Tages notierten, begannen Internetsurfer ihre täglichen oder gelegentlichen Erfahrungen im Netz zu dokumentieren. Sie veröffentlichten Hinweise auf Links, die sie gefunden hatten, versahen diese mit ein paar persönlichen Bemerkungen und stellten ihre Fundsachen ins Netz. Andere wiederum beschäftigten sich nicht mit Links, sondern mit ihrer persönlichen Lebenswelt und führten ihr Weblog als öffentliches Online-Tagebuch.

Was ist das Besondere an Weblogs? Zum einen ihre Technik. Sie ist so einfach, dass mit der zu Grunde liegenden Weblog-Software nahezu jeder seine eigene Website erstellen kann. Auch das Publizieren, Kommentieren und Einfügen von Informationen in eine Website hat sich mit dem Aufkommen dieser Software radikal vereinfacht. Und die andere Besonderheit? Sie liegt darin, dass es weniger als ein Zeitungsabo kostet, vom passiven Leser zum aktiven Publizisten zu werden. Wirklich jeder kann für ein paar Euro seine persönlichen Ansichten von Gott und der Welt publizieren, Fachartikel, Kochrezepte oder Reiseberichte veröffentlichen oder sogar ein eigenes Magazin aufbauen. Einfach? Preiswert? Genau das Richtige für das kleine Budget! Wenn Sie also Ihre Webseiten häufig aktualisieren und eine besonders einfache und kostengünstige Weise suchen dies zu tun, dann ist ein Weblog (Kurzform: Blog) genau das Richtige für Sie.

In größeren Unternehmen verwendet man für die Pflege und Aktualisierung von Internetseiten so genannte CMS, Content Management Systeme. Weblogs sind nichts anderes als abgespeckte CMS, die aber für die Bedürfnisse von Freiberuflern oder kleinen Unternehmen wie geschaffen sind. Wenn Sie mit Weblogs Seiten erstellen und pflegen wollen, brauchen Sie erfreulicherweise keinerlei HTML-Kenntnisse. Texte werden in vorbereitete Formularfelder geschrieben, Bilder lassen sich einfach hochladen. Viele Grundfunktionen, wie das Erzeugen von Links, die Hervorhebung von Textelementen, wie Überschriften etc., ja selbst die Ablage in bestimmte Kategorien oder nach Datum geordnet, sind durch einfache Grundfunktionen in einer Weblog-Software enthalten.

So sehen Weblogs aus:

Abbildung 20: Ein einfach gestaltetes Weblog mit einigen typischen Bestandteilen. ① Eintrag neuer Inhalte nach Datum. ② Permanenter Link zu dem Beitrag. ③ Monatsarchiv aller je erschienenen Einträge.

Abb. 20: Beispiel Gastgewerbe (Quelle: www.abseits.de/weblog/gastronomie_blog.html)

Abb. 21: Beispiel einer Saftkelterei (Quelle: www.saftblog.de)

Abb. 22: Aufklärung über Tiefkühlkost (Quelle: www.frostablog.de)

Abbildung 21: Wohl das erfolgreichste deutsche Unternehmensweblog. Mit seiner Hilfe entdeckte das Unternehmen neue Vertriebsmöglichkeiten und steigerte seine Umsätze deutlich (http://www.saftblog.de).

Abbildung 22: Frosta ist das erste Unternehmen, das ein Reinheitsgebot für Tiefkühlkost formuliert hat und befolgt: keine Farbstoff- und Aromazusätze, keinen Zusatz von Geschmacksverstärkern, keine Emulgatoren- und Stabilisatorenzusätze, keine chemisch modifizierten Stärken. Durch das Weblog wurde dieses Alleinstellungsmerkmal wirksam kommuniziert. Leser unterstützen Frosta auch bei der Marktforschung, Werbung oder dem Verpackungsdesign durch das Feedback, das sie per Kommentar im Frosta Blog geben (http://www.frostablog.de).

Weblog-Software – die Anbieter

Die Weblog-Hoster

Die einfachste Möglichkeit, ein Weblog zu erstellen, bieten die so genannten Weblog-Hoster. Sie ermöglichen laut eigenen Angaben das Einrichten einer Internetseite bis hin zu ihrer Veröffentlichung in zwei Minuten. Das Besondere daran: die gesamte Software befindet sich auf einem Server des Anbieters. Die von Ihnen in Formularen eingegebenen Daten werden über eine Internetverbindung übertragen und sind tatsächlich in wenigen Sekunden online. Bei allen Anbietern werden Sie Schritt für Schritt durch den Einrichtungsprozess geführt. Für das Lay-out Ihres Weblogs stehen verschiedene Muster zur Benutzung bereit.

- http://www.blogger.com
- http://www.typepad.com

Bezahlt werden diese Dienste durch die Entrichtung einer monatlichen Gebühr. Sie enthält das Recht zur Nutzung der Software, die Einrichtung Ihrer Webadresse und die Bereitstellung des Webinhalts sowie alle Kosten des Datenverkehrs.

Hosting-Angebote sind wie All-Inclusive-Pakete. Sie brauchen sich um den Betrieb eines Servers nicht zu kümmern. Sie schaffen sich keine Software an. Sie können Daten von unterwegs eingeben und brauchen dazu noch nicht einmal einen PC mit Internetanschluss. Um die Inhalte Ihres Weblogs zu aktualisieren, können Sie die Daten auch per Handy übermitteln. Nachteile: Die Tatsache, dass sämtliche Daten beim Anbieter liegen, macht Sie von diesem abhängig, was Datensicherheit oder Zugänglichkeit angeht. Wenn Sie weder über eine Standleitung oder eine Flatrate verfügen, fallen bei jedem Aktualisierungsvorgang Ihrer Daten Übertragungskosten an.

Serverbasierte Weblog-Software

Für serverbasierte Weblog-Systeme brauchen Sie einen eigenen Internetserver, um auf diesem eine Weblog-Software zu installieren. Vorteil: Sie können die Daten bei einem Provider Ihrer Wahl ablegen, diesen gelegentlich wechseln und sind in der Wahl der Internetadresse völlig frei. Nachteil: Sie müssen den Serverbereich selbst administrieren und haben bei Problemen keinen Support. Selbstverständlich können Sie auch bei dieser Variante Ihre Webinhalte aktualisieren wo immer Sie einen Internetanschluss finden. Serverbasierte Weblog-Software sind beispielsweise hier zu finden:

* http://www.movabletype.org/
* http://www.sunlog.ch/
* http://wordpress-deutschland.org

Vor allem das kostenlose Wordpress hat sich in Deutschland weit verbreitet. Für dieses System gibt es unzählige Zusatzfunktionen, die Sie meist kostenlos einsetzen können.

Vorteile von Weblogs

* **Weblogs für alles Aktuelle:** Verwenden Sie Weblogs für alle Inhalte, die Sie häufig aktualisieren. Zum Beispiel Nachrichten aus Ihrem Hause, Rezepttipps, Supportbereiche oder auch intern als „schwarzes Brett". Sie können sich auch entscheiden, nur einen Teil Ihrer Webseiten über einen solchen Blog zu pflegen.
* **Weblogs – ideal zur Vernetzung:** Bauen Sie sich einen Expertenstatus in Ihrer Branche auf. Durch regelmäßige Veröffentlichungen zu einem Fachgebiet, werden Sie von der avisierten Zielgruppe auch gelesen. Weblogs werden überdurchschnittlich von Bloggern gelesen, die wiederum selbst ein Weblog betreiben. So verbreiten sich interessante Nachrichten ohne Ihr Zutun weiter.
* **Suchmaschinen lieben Weblogs:** Inhalte von Weblogs tauchen bei Suchmaschinenergebnissen auf den vordersten Rängen auf. Das hat mehrere Gründe. Weblogs enthalten jede Menge Texte und damit per se suchmaschinenrelevante Inhalte. Weblogs werden häufiger aktualisiert. Webseiten, die häufiger aktualisiert werden, werden auch von den Robots der Suchmaschinen häufiger besucht und indiziert. Weblogs werden von anderen Webbloggern verlinkt. Eine Seite, auf die mehr Links verweisen, wird von Suchmaschinen als wichtiger bewertet.

- **Weblogs trennen Gestaltung und Inhalt:** Weblogs speichern Textinhalte und die Vorgaben für die Gestaltung der Webseite in getrennten Dateien. Das Erscheinungsbild der Seite regeln dann „Mustervorlagen". Ein großer Vorteil, um schnell neue Seiten zu erstellen, so dass Sie sich nur noch um die Inhalte kümmern müssen.

Setzen Sie Weblogs immer dann ein, wenn Sie
- Inhalte selbst verändern wollen,
- häufige Aktualisierungen durchführen,
- sich mit anderen (Kunden, Lieferanten, Partnerfirmen) vernetzen wollen.

Einsatzbeispiele für Weblogs

- **Freizeit und Tourismus:** Ein Wellnesshotel könnte sein tägliches Angebot in Tagebuchform präsentieren. Neben der Speisekarte oder dem aktuellen Wetter, könnten Ausflugstipps und Wissenswertes rund um die Region dazu dienen, eine eigene Erlebniswelt zu schaffen. In Feriengebieten könnten mehrere Anbieter gemeinschaftlich ein Weblog betreiben und auch Urlauber zum „Bloggen" ihrer Erlebnisse animieren.
- **Baugewerbe:** Demonstrieren Sie den Planungs- und Baufortschritt bei Großprojekten über ein Weblog. Auch den Fortschritt bei der Vermietung von Ladenflächen und den Zuzug neuer Mieter können Sie dokumentieren. Als Handwerker können Sie Ihre Mappe mit Referenzen leicht selbst erstellen und veröffentlichen. Zeigen Sie Ihre schönsten Arbeiten in einem Weblog.
- **Dienstleister:** Bauen Sie sich einen Expertenstatus auf, indem Sie über Ihr Fachgebiet schreiben. Oder berichten Sie anschaulich, wie Sie Problemfälle in der Praxis lösen. Oder geben Sie in einem Insider-Blog Einblick in Ihr Unternehmen und schaffen so „Werkstatt-Atmosphäre".
- **Kultureinrichtungen:** Erzählen Sie mal die Geschichte einer Ausstellung: wie alles begann, die ersten Künstlerkontakte, das Eintreffen der Exponate usw.. Stellen Sie Tag für Tag ein Exponat vor. Oder lassen Sie ein größeres Publikum an einer Vernissage teilhaben von der Sie live „bloggen". Als Schauspielhaus oder Musik-

theater geben Sie Einblick in die Theaterarbeiten. Zeigen Sie, wie ein Stück entsteht, stellen Sie das Ensemble vor und lassen Sie hinter die Kulissen blicken.

• **Softwarehersteller:** Berichten Sie über neue Softwareversionen, originelle Anwendungsfälle bei Kunden, teilen Sie mit, welche Wartungsarbeiten oder Bugfixes Sie durchführen oder geben Sie Tipps zum Umgang mit Ihrem Produkt. Diese Transparenz fördert die Kundenbindung und entlastet Ihre Servicetelefone.

• **Investitionsgüterhersteller:** Schicken Sie Ihren Support online. Bloggen Sie täglich Tipps zum Umgang mit Maschinen oder Software, berichten Sie über Fehlerbehebung und „Entdeckung" neuer Anwendungsmöglichkeiten.

• **Karitative Einrichtungen:** Sie tun Gutes, aber wirken meist im Verborgenen? Geben Sie mit einem Weblog Einblick in Ihre Arbeit, lassen Sie die Leser teilhaben an Ihren Projekten und fördern Sie so deren Akzeptanz und die Spendenbereitschaft der Leser.

Profitipp: Weblogs ermöglichen die Verbreitung neuer Inhalte auf Ihrer Webseite über so genannte RSS feeds. RSS feeds versenden Nachrichten automatisch bei Erscheinen an alle Empfänger, die diesen Dienst wünschen. Die Leser sind also stets up to date, ohne Ihre Website ständig aufsuchen zu müssen. Besonders in der Szene der aktiven Blogger werden so täglich tausende von Meldungen gelesen und weiterverbreitet.

Beispiele für Weblogs:

• Der fränkische Gastronom Gerhard Schoolmann, der in Bamberg die Schüler- und Studentenkneipe „Cafe Abseits" betreibt, veröffentlicht in seinem Blog www.abseits.de Neuigkeiten aus der Gastronomie, verrät Werbetricks oder stellt ausgefallene Kochbücher vor. Der Blog sichert ihm nicht nur Werbung für das Café, sondern vor allem Kundschaft für den angeschlossenen Verlag, der Fachbücher für die Gastronomie verkauft.

• Der Rechtsanwalt Michael H. Heng informiert in seinem Weblog (http://www.advocatus.de/heng/weblog.php) über aktuelle Urteile, zitiert und kommentiert Presseberichte über Rechtssachen oder gibt Softwaretipps. Durch die auch für juristische Laien lesbaren Informationen zum Thema Recht, erhöht er über das Internet seine Leserschaft und damit seinen Bekanntheitsgrad.

- Über 650 Besucher täglich zählt das Weblog der Kelterei Walther, eines traditionsreichen kleinen sächsischen Saftherstellers. Es zählt zu den bekanntesten deutschsprachigen Unternehmens-Weblogs und hat über das Bloggen seine Expansion in ganz Deutschland vorangetrieben. Auf Anregung seiner Weblogleser hat die Kelterei einen Onlineshop eingerichtet, der bereits sechs Monate nach seiner Eröffnung rund 4 % des Umsatzes ausmacht. Insgesamt ist der Umsatz der Kelterei Walther um 25 % gestiegen. Da bislang nur wenige Unternehmen ein Weblog betreiben, gelten die Arnsdorfer als Vorzeigeunternehmen, bei denen nahezu wöchentlich Medien für Interviews und Berichte anfragen: Das 15-köpfige Unternehmen erhält eine Medienresonanz, die ansonsten unbezahlbar wäre (http://www.saftblog.de).

- Coca-Cola hat gezeigt, dass Bloggen eine wirksame Form ist, positive Nachrichten über das Unternehmen in die Welt zu setzen. Das Coca-Cola Blog beschäftigt sich nicht mit Getränkemischungen, Marketingideen und Werbespots, sondern mit der langen Geschichte des Unternehmens. Sie haben den Chef-Historiker und Archivar zum Blogger gemacht. Und mit großer Begeisterung berichtet dieser von den Funden aus der weltweiten Historie des Kultgetränks. Großen Raum nehmen dabei die Sammlerstücke alter Coca-Cola Werbeartikel ein (http://www.coca-colaconversations.com).

Wenn Sie auf Blog-Software setzen, verfügen Sie über alle Möglichkeiten der schnellen weltweiten Verbreitung Ihrer Meldungen. So behalten Sie auch Folgekosten im Griff. Denn bei Aktualisierungen Ihrer Webseiten sind Sie weder von Agenturen, noch Programmierern abhängig. Alles was Sie brauchen, sind gute Nachrichten zum Publizieren.

Blogger – die neuen Meinungsführer

Neben den bisher etablierten Meinungsführern in Presse, TV und Funk haben sich die Blogger als meinungsbildende Quellen etabliert. Wichtige Fachblogs wie zum Beispiel Exciting Commerce, das sich mit E-Commerce-Themen beschäftigt (http://ecommerce.typepad.com) oder das shopbetreiber-Blog des Unternehmens Trusted Shops (http://www.shopbetreiber-blog.de) haben in ihren Bereichen längst die Funktion angesehener Fachzeitschriften übernommen.

Indem man selbst ein Blog eröffnet, bekommt man Anschluss an die so genannte Blogosphäre, das sind in den deutschsprachigen Ländern mehrere 100.000 aktive Blogger.

Bloggen hat gegenüber klassischer Werbung viele Vorteile: Es ist kostenlos, wenn ehrlich und authentisch geschrieben wird, glaubwürdiger als Werbung und es lädt die Leser ein, durch Kommentare zu dem Gelesenen Feedback zu geben. Es entsteht also ein Dialog – „Früher ging man auf den Hof, um mit Kunden, Lieferanten und andern zu reden. Heute geht man ins Web und bloggt", meint Jörg Holzmüller vom Saftblog.

Was wird über Sie gesprochen?

Wer nicht ehrlich auftritt und nichts zu sagen hat, wird entweder nicht gelesen oder mit Kritik überhäuft. Unternehmen, die bloggen, müssen sich der Kritik stellen und zuhören. Das größte Risiko ist es aber, Blogs erst gar nicht zu lesen: denn in Blogs machen sich Konsumenten Luft, schimpfen über Produkte, die nicht so funktionieren wie versprochen, stellen unfreundliche Telefonistinnen oder mangelnden Service von Unternehmen regelrecht an den Pranger. Wer da nicht schnell reagieren kann, weil er die Kritik nicht wahrnimmt, riskiert, dass sich negative Mundpropaganda ausbreitet. Und anderseits: Wer Kritik schnell entdeckt, hat größte Chancen sie zum positiven zu wenden.

Die Starwood Hotels in USA haben einen Mitarbeiter, dessen einzige Aufgabe es ist, Blogs, Foren oder Reiseportale zu lesen und Beschwerden über die Hotels aufzuspüren: Dann nimmt er persönlich Kontakt zu den Beschwerdeführern auf und löst das Problem. Der so genannte Starwood Lurker (Starwood Spanner) wie er im Netz heißt, gehört für viele inzwischen zu den Gründen, lieber bei Starwood Hotels als anderswo zu übernachten. Denn diese wissen: Bei Starwood werden ihre Beschwerden ernst genommen.

So finden Sie heraus, was im Web über Sie gesprochen wird

Programmieren Sie die wichtigste Suchmaschine Google für Ihre Zwecke: Webrecherche wird so kinderleicht und funktioniert automatisch.

Rufen Sie diese Seite auf: http://www.google.de/alerts?hl=de.
Geben Sie in das dort erscheinende Formular die gewünschten Suchbegriffe ein. Im Feld „Häufigkeit" können Sie bestimmen, ob Sie einmal täglich, wöchentlich oder bei Veröffentlichung über neue Fundstellen zu Ihrem Suchbegriff informiert werden möchten. Sie erhalten dann die aktuellen Suchtreffer zu den eingegebenen Begriffen, etwa Ihrem Firmennamen oder Ihren Produktnamen und Marken per E-Mail. Außerdem können Sie festlegen, ob Sie News, Web, News & Internet oder Groups durchsuchen wollen.

So kann man natürlich auch die Konkurrenzbeobachtung ganz leicht automatisieren.

Weitere Suchhelfer sind (speziell für Weblogs):

• http://www.feedster.com
• http://www.technorati.com
• http://www.icerocket.com
• http://www.blogpulse.com

6. Der Sofort-Plan für Presse- und Öffentlichkeitsarbeit

- Warum eigentlich Pressearbeit?
- Pressearbeit: so wird sie erfolgreich
- Ihre erste Pressemeldung: die Gründung
- Wie sehen gute Presseinformationen aus?
- Bildmaterial für die Presse
- Zusammenarbeit mit der Fachpresse
- Das erste Pressegespräch: Vorbereiten, durchführen, nachbereiten
- Anlässe für Berichterstattung selber schaffen
- Wie man IHK, Wirtschaftsförderung und Politiker für sich nutzt
- Eröffnen Sie ein virtuelles Pressezentrum
- Vorsicht Fettnäpfchen!
- Low Budget Tipps für Ihre Pressearbeit.

Warum eigentlich Pressearbeit?

Stellen Sie sich vor, Sie kommen in die Medien, nicht weil Sie Anzeigenplätze gebucht haben, sondern weil Sie etwas zu sagen haben. Weil Sie Informationen liefern, die für die Presse und deren Leser interessant sind. Sagen Sie nicht: „Ich stehe erst am Anfang, was gibt es über mich schon zu berichten?" Fangen Sie mit der Pressearbeit sofort an! Presseberichte über Ihr Unternehmen sind die preiswerteste und effektivste Werbung, die Sie machen können. Und gerade als Start-up-Unternehmer haben Sie schon die erste Story in Ihrer Hand: die von Ihrer Gründung.

Kann man ein Unternehmen, ein Produkt oder gar eine Marke ganz ohne Werbung aufbauen? Nur mit Hilfe der Pressearbeit? Viele PR-Fachleute behaupten, es funktioniert. Es kostet weit weniger, als mit Werbekampagnen auf sich aufmerksam zu machen. Es dauert nur länger.

Pressearbeit ist, wenn Sie sie einmal begonnen haben, ein kontinuierlicher Prozess, ein fortdauerndes und nachhaltiges Gespräch, das Sie mit Journalisten führen. Und es lohnt sich. Gewinnen Sie die

Aufmerksamkeit weniger Journalisten, werden Sie damit Tausende oder Hunderttausende von Lesern erreichen.

Beginnen Sie mit Pressearbeit am besten noch heute, denn:

- Presseberichte sind kostenlos;
- Presseberichte sind glaubwürdig;
- Presseberichte werden auch von Meinungsbildnern gelesen.

Pressearbeit: so wird sie erfolgreich

Viele kleine und mittlere Unternehmen machen gar keine Pressearbeit – warum? Ein Hauptgrund ist der, dass ihnen Pressearbeit weniger planbar erscheint, als die übliche Form von Werbung. Bei der Werbung gibt es feste Einschalt- oder Buchungstermine, eine definierte Anzeigengröße und – wenn mal die Farbe nicht stimmt – die Möglichkeit zu reklamieren. Und bei der Pressearbeit? Viele Pressemitteilungen wandern nahezu ungelesen in den Papierkorb. Bei Gesprächen mit Journalisten stellt man plötzlich fest, dass diese unangenehme Fragen stellen. Und manchmal hat man sich eine Menge Arbeit für ausführliche Presseinfos gemacht und dann drucken die Medien nur die Hälfte ab. Oder Fakten werden falsch wiedergegeben. Die Erkenntnis daraus: Wer mit Pressearbeit erfolgreich sein will, muss ihre Grundregeln beherrschen.

Der Aufbau einer persönlichen Beziehung

Pressearbeit beginnt als Gespräch. Es ist kein Kontakt zu einem anonymen Medium, sondern immer zu einem Menschen, dem Journalisten, der für das Medium arbeitet.

Also nicht Pressemeldung abtippen, den Praktikanten ans Fax stellen und raus damit. Finden Sie erst mal den richtigen Ansprechpartner. Wer ist es? Wie und wann erreichen Sie ihn? Haben Sie seine Telefonnummer und E-Mail? Laden Sie ihn ein! Lernen Sie ihn kennen. Aber erst, wenn Sie etwas zu sagen haben!

Die Gewinnung des Vertrauens

Wie in jeder zwischenmenschlichen Beziehung gestalten sich Kontakte und Zusammenarbeit besser, wenn zwei Partner Vertrauen zueinander haben. Manche meinen, ein paar gemeinsam geleerte Biere oder ein feuchtfröhlicher Kegelabend können da helfen. Ich nicht. Die Beziehung zur Presse ist keine private, sondern eine hoffentlich höchst professionelle, die Sie durch offene Information, Zuverlässigkeit, Glaubwürdigkeit und Termintreue erfolgreich gestalten können.

Pressearbeit ist eine Dienstleistung

Viele Missverständnisse in der Pressearbeit entstehen dadurch, dass manche Unternehmer die Journalisten für Ihre Dienstleister halten. Dabei sind sie besser beraten, sich selbst als Dienstleister der Presse zu verstehen. Der Journalist macht einen Job, der ihn tagtäglich mit Hunderten Meldungen konfrontiert. Alle wichtig, aber nur wenige professionell. Journalisten sind dankbar, wenn Sie die Grundregeln des Aufbaus von Pressemitteilungen beherrschen, gutes Bildmaterial und interessante Neuigkeiten liefern und bei Rückfragen – auch am Telefon – nicht mauern, sondern schnell und kompetent Auskunft geben. Denn der Journalist hat den Termin des Redaktionsschlusses im Nacken. Überlegen Sie: Wie können Sie den Pressevertreter in seiner Arbeit unterstützen?

Gute Zeiten, schlechte Zeiten

Journalisten wollen News. Das können gute oder schlechte sein. Böse Zungen behaupten sogar, die schlechten seien ihnen lieber. Also rechnen Sie damit, dass es auf Dauer äußerst langweilig und ermüdend zu lesen ist, dass Ihr Unternehmen zu den besten der Welt zählt, das größte Haus in der Schlossallee besitzt und seine Produkte demnächst auf den Mars exportieren wird. Bleiben Sie lieber glaubwürdig, dann können Sie auch in schlechten Zeiten eine faire Berichterstattung erwarten. Aber rechnen Sie fest damit, gerade in schlechten Zeiten von der Presse kontaktiert zu werden. Und behalten Sie auch dann Ihren professionellen Umgang mit der Presse bei.

Kernfrage: Wer macht Pressearbeit?

Auf alle Fälle nicht der Praktikant, der doch mal etwas schreiben könnte, weil er mit Kaffeekochen oder Faxe sortieren noch nicht

ausgelastet ist. Oder die Freundin der Ehefrau, die als Deutschleh-
rerin eigentlich schreiben können müsste.

Pressearbeit ist in kleinen und mittelständischen Unternehmen,
zumindest was die Kontakte zu den Medien angeht, reine Chefsa-
che. Sie selbst verkörpern das Unternehmen, kennen die Produkte,
haben alle wichtigen Zahlen im Kopf und wahrscheinlich die besten
Geschichten auf Lager.

Lassen Sie sich helfen, wo immer Sie wollen: beim Verfassen der
Pressemitteilungen, beim Aufbau des Presseverteilers, beim Versand, beim Vorbereiten von Presseterminen und Gesprächen. Aber
tragen Sie die Botschaft Ihres Unternehmens immer selbst nach
außen.

Das gilt auch dann, wenn Sie mit einer PR-Agentur oder einem
freiberuflichen PR-Berater zusammenarbeiten. Diese Zusammenarbeit bringt Ihnen immense Vorteile: Sie agieren von Anfang an professionell, Ihre Berater verfügen über ein gutes Netzwerk an Kon-
takten und einen elektronischen Verteiler, den Sie mit einem Mausklick nutzen können. Aber es hat seinen Preis. Und den Nachteil,
dass Sie bei dem kompletten Outsourcing dieser Aktivitäten keine
eigene Medienkompetenz dazugewinnen.

Presseverteiler

Genauso wie eine Kunden- oder Interessentendatenbank, gehört
Ihr Presseverteiler zu den wichtigsten Basiselementen für die Kom-
munikationsarbeit. Ein Presseverteiler enthält:

- Name des Journalisten
- Ressort/Zuständigkeit
- Verlag
- Zeitungstitel
- Telefonnummer (Durchwahl)
- Faxnummer
- E-Mail-Adresse
- Mobiltelefonnummer

Einen Presseverteiler können Sie wie jeden Adressenstamm auch
mieten oder kaufen, zum Beispiel bei einem PR-Berater oder einer
PR-Agentur. Halb so gut, aber es funktioniert. Achten Sie darauf,

dass Sie einen von externer Seite erstellten Presseverteiler auch dann nutzen können, wenn Sie die Zusammenarbeit mit Ihrem Dienstleister beenden. Sonst stehen Sie nach monate- oder jahrelanger Aufbauarbeit mit leeren Händen da. Oder noch besser: Investieren Sie Ihre eigene Arbeitszeit in den Aufbau Ihres eigenen Verteilers.

Ihre erste Pressemeldung: die Gründung

In Zeiten, wo wir daran gewöhnt sind, beinahe täglich von neuen Arbeitslosenzahlen zu lesen, tut es richtig gut, etwas Positives zu erfahren. Jemand gründet ein Unternehmen. Jemand hat ein neues Produkt anzubieten. Jemand will Kunden mit einer neuen Dienstleistung gewinnen. Jemand hat Angestellte. Jemand bildet aus.

Jede Wette, dass allein diese Tatsache Ihrer Tageszeitung ein paar Zeilen oder gar einen ausführlichen Artikel wert ist. Gleich werden Sie sehen, wie Sie Ihre Pressemitteilung formal richtig aufbauen. Aber Sie können formal alles richtig machen, und haben doch keine besondere Botschaft, keine Story. Also machen Sie sich zuerst noch ein paar Gedanken über den Inhalt. Gibt es Besonderes, Lustiges, Menschliches zu vermelden?

Hier ein paar Anregungen zum Nachdenken: Menschen interessieren sich dafür, wie eine Idee entsteht. Wie sind Sie auf die Idee gekommen? Beim Waldspaziergang? Aus Frust über andere Anbieter? Beim Spielen mit Ihrem Enkel? Eingekeilt im Stau?

Welche Einrichtungen brauchen Sie zur Herstellung Ihres Produktes? Einen dreistöckigen Supercomputer? Eine 100 Jahre alte Maschine? Ein Rezept, das Ihre Großmutter noch wusste?

Warum sind Sie besser als andere? Weil Sie 1.000 Kunden vorher befragt haben? Weil Ihr Verfahren patentiert ist? Weil Ihnen besondere Gütesiegel verliehen wurden?

Gründerstorys zum Weitersagen

Manche Gründergeschichten sind so gut, dass sie sich tausend- und abertausendfach verbreiten. Und sowohl von Presse als auch von Privatleuten weiter erzählt werden.

Vielleicht kennen Sie die Geschichte wie Ebay erfunden wurde. Nur weil die Freundin des Firmengründers Pierre Omidyar eine leidenschaftliche Sammlerin von PEZ-Figuren war und einen Weg suchte, über das Internet mit Gleichgesinnten in Kontakt zu kommen und ihre PEZ-Figurensammlung zu vergrößern. Das brachte Pierre Omidyar, auf die Idee, eine Software für Auktionen zu entwickeln und ins Netz zu stellen. Angeblich. Der Rest ist bekannt.

Das erste Matchbox-Auto war übrigens eine Dampfwalze. Und obwohl die tägliche Praxis zeigt, dass Jungs mit Autos und Mädchen mit Puppen spielen, war die Besitzerin des ersten Matchbox-Autos ein Mädchen. Jack Odell baute seiner Tochter eine kleine handgefertigte Dampfwalze, die in eine Streichholzschachtel (Matchbox) passte. Das Spielzeug durfte nicht größer sein, weil per Gesetz die Größe der Spielsachen, die Kinder mit in die Schule bringen durften, geregelt war. Die kleine Dampfwalze war der Hit im Klassenzimmer und Odell, der als Entwickler in einer Zinndruckgießerei arbeitete, hatte eine Idee für seinen Arbeitgeber. Bereits am nächsten Tag wurde Odell von der Nachfrage nach kleinen Dampfwalzen schier geplättet.

Haben Sie noch eine Garage? Starten Sie Ihr Unternehmen unbedingt dort! Jeff Bezos, der Gründer von Amazon, hatte angeblich sein Unternehmen eigens in einer Garage gegründet. Nur, um diese Geschichte anschließend erzählen zu können.

Wie sehen gute Presseinformationen aus?

Jede Presseinformation enthält ein Sixpack aus den folgenden Fakten:

• Wer: Ihr Unternehmen
• Was: Längstes Brot der Welt
• Wann: Datum
• Wo: Veranstaltungsort
• Wie: Vorführungen, Gewinnspiel und Sonderangebot
• Warum: Eröffnungsfest

Die wichtigsten Infos stehen bereits in der Schlagzeile. Und die ersten drei Sätze sollten alle Informationen enthalten, die den Leser interessieren. Natürlich darf Ihr Text noch länger sein.

Als Faustregel gilt: Schreiben Sie nie mehr als eine DIN-A4-Seite mit anderthalbfachem Zeilenabstand. Sie umfasst etwa 1.500 Zeichen.

Nachdem das Wichtigste zu Beginn gesagt wurde, dürfen Sie es im Hauptteil Ihrer Pressemeldung präzisieren oder ausschmücken, etwa indem Sie auf die Höhepunkte des Eröffnungsprogramms hinweisen. Wenn Sie Pressemitteilungen schreiben, dann achten Sie darauf, sachlich und nicht überzogen zu formulieren.

Solche Pressetexte landen im Papierkorb:
- Überzogene Darstellungen Ihrer Qualitäten
- Reißerische Formulierungen
- Seitenhiebe auf den Wettbewerb
- Plattitüden und Wiederholungen
- Einseitige, persönliche Sicht der Dinge

Wenn Sie Ihre Presseinformation ausdrucken, lassen Sie einen 7 cm breiten Rand als Raum für Notizen. Kennzeichnen Sie Ihr Schreiben als Pressemeldung, indem Sie „Presseinformation" noch über die Überschrift schreiben. Die Elemente einer Pressemitteilung auf einen Blick zeigt Abbildung 23, S. 132.

Natürlich können Sie das Ganze auch per E-Mail verschicken. Bauen Sie die Pressemeldung in die E-Mail ein, oder hängen Sie diese als PDF-Dokument Ihrer E-Mail an. Die elektronische Form der „Lieferung" wird heute von den meisten Journalisten bevorzugt. Ausschneiden, kopieren, einfügen – wenn Ihre Pressemeldung professionell gemacht ist, hat der Journalist nicht mehr Arbeit als diese drei Handgriffe, um Ihre Information ins Blatt zu setzen.

Erwähnen Sie den Ansprechpartner für die Presse mit vollständiger Adresse und Telefondurchwahl und schließen Sie das Ganze mit Ihrer Firmenadresse ab.

Versenden Sie keine Dateianhänge im Word-Format (*.doc) Denn durch Word-Dokumente können Viren übertragen werden. Ein Grund, weshalb sie von vielen Empfängern abgelehnt, bzw. nicht geöffnet werden. Word-Dokumente können aber auch versteckte Informationen wie von Ihnen besuchte Internetadressen, Textauszüge anderer Dokumente, Fragmente von E-Mails, Hinweise zu Drucker und Hardware Ihres Computers, Benutzernamen, Dokumenten-Pfade etc. enthalten. Wenn Sie mit der Funktion „Änderungen nachverfolgen" gearbeitet haben, können frühere Bearbeitungsversionen noch in dem Dokument enthalten sein und vom Empfänger wieder sichtbar gemacht werden.

Pressseinformation

Ausnahme-Geigerin am Bodensee
Alina Pogostkin und die Südwestdeutsche Philharmonie spielen am 11. Juli 2003 in Konstanz.

Konstanz, 25.6. 2003. Mit 4 Jahren hielt sie das erste Mal eine Violine in der Hand. Mit fünf Jahren gab sie öffentliche Konzerte. Mit 13 gewann sie ihren ersten internationalen Musikpreis. Die junge 19-jährige Violinistin Alina Pogostkin gehört zweifellos zu den größten musikalischen Begabungen ihrer Generation.

Jetzt kommt sie zu einem Konzert mit der Südwestdeutschen Philharmonie an den Bodensee. Im Rahmen eines vom Rotary Club Konstanz-Rheintor veranstalteten Benefizkonzerts spielt sie am 11. Juli 2003 um 20.00 Uhr in der Stephanskirche Konstanz. Auf dem Programm stehen Ludwig v. Beethovens Romanze für Violine und Orchester in G-Dur, op.40, Franz Schuberts Sinfonie Nr. 8 („Unvollendete") in h-Moll, D759 sowie von Jean Sibelius das Konzert für Violine und Orchester in d-Moll, op.47.

Für das Konzert in Konstanz verzichtet Alina Pogostkin auf ihre Gage. Die Erlöse aus dem Konzert verwendet der Veranstalter Rotary Club Konstanz-Rheintor, um zwei herzkranken Kindern aus der Ukraine im Alter von 12–15 Jahren eine Herzoperation ermöglichen. Bereits zum 7. Mal wird ein solches Benefiz-Konzert von den Rotariern veranstaltet.

Insgesamt 10 ukranischen Kindern konnte die lebenswichtige Operation in Deutschland auf diese Weise finanziert werden.

Konzerttermin: Freitag, 11. Juli 2003 um 20.00 Uhr
St. Stephanskirche, Konstanz
Vorverkauf: Klavierhaus Faust, Konstanz

Für Rückfragen:

Ansprechpartner und Adresse einfügen!!!

2 Belegexemplare erbeten.

Abb. 23: Aussehen einer Pressemitteilung

Persönlicher Kontakt

Suchen Sie in jedem Fall den persönlichen Kontakt zur Presse. Wenn Sie eine Information für die Tageszeitung haben, rufen Sie in der Lokalredaktion an, schildern Sie Ihr Anliegen und fragen Sie nach dem zuständigen Redakteur. Sprechen Sie mit dem Redakteur ein paar Worte. Berichten Sie über Ihr Vorhaben, den Inhalt der geplanten Pressemeldung. Fragen Sie ihn, ob er vorbeikommen möchte. Laden Sie ihn ein. Klären Sie mit ihm die Art und Weise der Datenübermittlung.

Bildmaterial für die Presse

Wenn Sie es schaffen, dass Ihre Pressemeldung mit einem Bild abgedruckt wird, ist dies das Beste, das Sie erreichen können. Aber wie kommt man zu einem guten Pressebild? Zuerst muss mit dem Vorurteil aufgeräumt werden, dass ein Pressebild nur von einem professionellen Fotografen gemacht und hinsichtlich Schärfe und Ausleuchtung perfekt sein muss. Das mag für Werbefotos gelten, für Pressefotos gelten andere Regeln. Gerade Tageszeitungen werden in einem groben Raster und häufig noch in Schwarz-Weiß gedruckt. Eine Digitalkamera mit 3,0 Mio. Pixel reicht von der technischen Qualität her völlig aus. Viel wichtiger als die Pixelzahlen, ist der Inhalt des Bildes und sein Bezug zur Nachricht. Wenn Sie zur Eröffnung das längste Brot der Welt backen, dann können Pressefotos zur Ankündigung dieses Ereignisses zum Beispiel so aussehen:

- Sie stehen als Inhaber vor Ihrem Geschäft und halten ein Plakat mit der Aufschrift „Bäcker X backt das längste Brot der Welt" ins Bild.
- Sie zeigen ein Bild von der Backstube. Bildunterschrift: „Hier wird morgen das längste Brot der Welt gebacken".
- Sie zeigen eine Gruppe von Schülern. Bildunterschrift: „Sie helfen morgen mit, das längste Brot der Welt zu backen".
- Ihre Verkäuferin reicht ein Brot über die Theke. Bildunterschrift: „Morgen verkauft sie das längste Brot der Welt".

Für Fotos gilt: Menschen sind attraktiver als Sachen. Also bitte kein Bild von der leeren Backstube und schon gar nicht vom leeren Laden. Wer bitte schön soll da kaufen?

Und noch einmal der Hinweis: Pressebilder sind keine Werbefotos. Denn in der Presse geht es nicht um den Spaßfaktor, sondern um den Nachrichtenwert des Bildes. Sicher haben Sie schon Dutzende von so genannten „Übergabe-Bildern" gesehen. Es werden Schlösser übergeben. Autos oder überdimensionierte Spendenschecks. Auch wenn dies nicht besonders kreativ ist, für ein Pressebild, das unter großem Zeitdruck ausgewählt und produziert wird, reicht dies völlig aus.

Profitipp: Sportler werden im Fernsehen meist vor einem Hintergrund mit Logos ihrer Sponsoren interviewt. Halten Sie für Pressefotos einen solchen Hintergrund bereit, vor dem Sie sich positionieren. Der Vorteil ist ein doppelter. Zum einen vermeiden Sie unschöne, unruhige und damit störende Hintergründe. Zum anderen bringen Sie damit in jedem Pressebild Ihr Firmenzeichen unter.

Zusammenarbeit mit der Fachpresse

Gerade Fachartikel bieten Ihnen eine Riesenchance, Ihr Unternehmen, Produkte, Verfahren oder Konzepte Ihres Hauses ausführlicher vorzustellen. Die bisher gesagten Dinge treffen nur mit Einschränkung auf die Fachpresse zu. Wenn Sie in einer Fachzeitschrift einen Artikel platzieren wollen, sind zwar die Grundregeln der Formulierung die gleichen, aber da das redaktionelle Konzept ein anderes ist, müssen Sie auch mit anderen Pressemeldungen auf sie zugehen.

Presseartikel für Fachzeitschriften können beispielsweise sein:
• Unternehmensmeldungen
• Vorstellung von Produktneuheiten
• Großaufträge
• Innovationen
• Seminare und besondere Services
• Fachartikel

Profitipp: Vorträge, Referate oder ausführliche Präsentationen sind oft eine gute Grundlage für Fachartikel. Bieten Sie diese den in Frage kommenden Fachzeitschriften ruhig mal an.

Oftmals können Sie mehrere Fotos als Bildmaterial beilegen, etwa um ein Herstellungsverfahren, verschiedene Abschnitte der Auftragsbearbeitung (von Planung bis Auslieferung) zu illustrieren und Sie dürfen auch das fertige Produkt in der Anwendung zeigen.

Artikel für die Fachpresse sollten Sie nicht im Rundumschlag an alle in Frage kommenden Redaktionen versenden. Suchen Sie sich das führende Fachmagazin aus und bieten Sie eine Exklusivinformation an. So können Sie die Bedürfnisse des zuständigen Redakteurs vorab erfragen und erhöhen Ihre Chance, in dem Magazin – wie angestrebt – abgedruckt zu werden.

Veranstalten Sie mit Fachjournalisten keine Pressekonferenzen, die lange Anreisen erfordern. Wenn Sie nicht gerade das Rad neu erfunden haben oder ein Passagierflugzeug, das mit drei Liter Kerosin um den Globus kommt, wird aus Zeit- und Kostengründen niemand bei Ihnen erscheinen. Wenn Sie persönliche Kontakte knüpfen wollen, machen Sie bei Ihrer nächsten Geschäftsreise einen Abstecher zur Redaktion. Oder warten Sie bis zur nächsten Fachmesse, um die Redakteure kennen zu lernen oder eine Pressekonferenz zu veranstalten.

Das Pressegespräch: Vorbereiten, durchführen, nachbereiten

Auch in einer Einladung zu einem Pressegespräch müssen Sie nichts anderes tun, als die sechs W (Wer, Was, Wann, Wie, Warum, Wo) beachten. Beachten Sie beim Versand der Einladung dabei Folgendes:

- Wählen Sie den Versandtermin rechtzeitig, also drei Wochen vorher.
- Versenden Sie diese Einladung am besten per Fax.
- Legen Sie eine Antwortmöglichkeit/Rückfax bei.
- Integrieren Sie eine Antwort „Kann leider nicht teilnehmen, bitte senden Sie mir Infos".

Die Vorbereitung

Sämtliche Statements, die Sie während des Pressegesprächs abgeben werden, sollten Sie in einer schriftlichen Unterlage, die wie eine Presseinformation aufgebaut ist, festhalten. Sie brauchen diese als Information für die Pressevertreter, die an dem Gespräch teilnehmen. Die gleiche Unterlage versenden Sie im Anschluss an das Gespräch als Presseinformation an die Journalisten, die am Gespräch nicht teilnehmen konnten.

Legen Sie dieser aktuellen anlassbezogenen Presseinformation ein weiteres Blatt bei, das Basisdaten zu Ihrem Unternehmen enthält. Solche Basisdaten können Sie getrost in Stichworten wiedergeben: z. B. Gründungsjahr, Anzahl der Mitarbeiter, Inhaber, leitende Mitarbeiter, Produkt und Dienstleistungsprogramm etc..

Der Ort des Gespräches

Ganz nach Anlass kann der Ort eines Pressegespräches bei Ihnen im Büro sein, in Ihren Verkaufsräumen, in der Entwicklung, vor Ort bei Ihren Kunden und mitten auf der grünen Wiese. Für ein Pressegespräch dürfen Sie ruhig ungewöhnliche Orte wählen, solange der Bezug zum Thema stimmt. Ein Dachdecker darf die Medienvertreter also in luftige Höhen mitnehmen. Und wenn ein Yachthändler eines seiner neuen Schiffsmodelle als Veranstaltungsort auswählt, ist das genauso passend wie ungewöhnlich.

Die vorbereiteten Unterlagen

Legen Sie alle vorbereiteten Unterlagen schon vorher aus. Die Journalisten können diese kurz sichten und wissen, dass Sie sich aufgrund der überreichten Fakten Notizen ersparen und umso gezielter fragen können.

Häppchen und Getränke

Da müssen Sie wirklich nicht protzen. Apfelsaft, Mineralwasser und Kaffee reichen aus. Häppchen immer dann, wenn sich der Termin in die Mittagspause hinein erstreckt.

Die Uhrzeit

Die meisten Pressegespräche finden morgens statt. Der Grund ist denkbar einfach, ab 14.00 Uhr wird in den meisten Redaktionen an der Tageszeitung des kommenden Tages gearbeitet. Also werden nur ungern Termine wahrgenommen. Ein Pressegespräch gegen 10.00 Uhr am Morgen kann aber auch Ihnen sehr nützlich sein: Unter Umständen finden Sie den Bericht darüber bereits am nächsten Tag in der Zeitung.

Der Ablauf

Begrüßen Sie die Teilnehmer, stellen Sie die Redner vor und informieren Sie kurz über den Ablauf. Nennen Sie noch mal den Grund des Termins. Bedanken Sie sich bei den Anwesenden für ihr Erscheinen. Zeit ist knapp. Sagen Sie das, was sie zu sagen haben, in einigen wenigen Sätzen und los geht es. Da reichen fünf Minuten, bei komplexeren Themen auch 20. Wenn weniger als fünf Pressevertreter anwesend sind, bieten Sie den Journalisten an, Sie bei Fragen zu unterbrechen. Das macht den gesamten Ablauf lockerer und Sie wechseln vom Vortrag zu einer Gesprächsrunde. Nehmen Sie sich genügend Zeit für Fragen. Mag sein, dass die Pressevertreter auch Fragen stellen, mit denen Sie nicht gerechnet haben. Das wird sogar mit höchster Sicherheit passieren. Machen Sie sich dabei Folgendes bewusst:

- Mit Schlagfertigkeit können Sie punkten.
- Sie müssen nicht jede Frage beantworten.
- Besser als ausweichend „herumzudrucksen", etwa bei Fragen nach Umsatz und Gewinn, ist ein klares „Nein".

Wenn das Thema und der gewählte Ort es anbieten, können Sie das Pressegespräch mit einem etwas „action-reicheren" Programmpunkt ausklingen lassen, etwa dem Einblick in die Produktion, einer Produktvorführung oder der Demonstration von Arbeitsbeispielen.

Nachbereitung

Sammeln und archivieren Sie alle Artikel, die über Sie erschienen sind. Bei Beiträgen, die Sie für besonders gelungen halten, rufen Sie den Journalisten an und sagen ihm, dass Sie sich über den guten und gelungenen Artikel gefreut haben.

Anlässe für Berichterstattung selber schaffen

Sie eröffnen nicht alle Tage ein neues Geschäft, Sie erfinden nicht ständig ein neues Produkt – also gehen Ihnen irgendwann mal die Anlässe für Pressegespräche aus. Meinen Sie?

Eine solche Einstellung ist ein Irrtum. Ihr Unternehmen besteht aus mehr als seinen Produkten und den ständigen Erfolgsmeldungen darüber. Hier sind ein paar Anregungen für Storys aus Ihrem Unternehmen, die Eingang in die Presse finden können:

- Eröffnung einer Ausstellung in Ihren Geschäftsräumen
- Teilnahme an einer wichtigen Messe
- Teilnahme an einem Wettbewerb
- Sieger bei einem Wettbewerb
- Einstellung von Jugendlichen, Schwerbehinderten, Langzeitarbeitslosen (mit Zustimmung der Mitarbeiter)
- Arbeitsplatzporträts
- Praktikanten in Ihrem Unternehmen
- Ausländische Geschäftspartner zu Besuch bei Ihnen
- Besondere Leistungen Ihrer Mitarbeiter (bester Azubi des Jahrgangs u. ä.)
- Besondere Hobbys Ihrer Mitarbeiter
- Besondere Sozialleistungen/Fitnessgutschein für Mitarbeiter
- Praktizierter Umweltschutz im Unternehmen
- Umsatzsteigerungen
- Besondere Einzelaufträge
- Knifflige Aufträge
- Teilnahme an Prestigeprojekten
- Originelle Werbemaßnahmen
- Besondere Erfolge im Internet
- Unterstützung sozialer, kultureller oder sportlicher Aktivitäten
- Ehrenamtliche Engagements
- Nachwuchsförderung

Es gibt eine Vielzahl von Themen, für die sich Presse und Leser interessieren. Nutzen Sie einfach alle.

Die Werbeagentur <screenshot> entwickelte 1998 zusammen mit einem Programmierer eine Software, die es ermöglichte durch Eingabe von einem Hauptwort, einem Tätigkeits- und einem Eigenschaftswort softwaregesteuert Werbeslogans zu produzieren. Die Internetseite war die erfolgreichste Seite einer Werbeagentur überhaupt, produzierte mehr als 1,5 Millionen Slogans jährlich und schaffte es über drei Jahre etwa 300-mal in die Medien. Focus, Handelsblatt, Computerbild und Chip berichteten ebenso wie zahlreiche Rundfunksender. Die Slogans waren eigentlich nicht brauchbar, aber so lustig, dass sich scheinbar ganze Belegschaften den Bauch vor Lachen hielten. Der Autovermieter Sixt produzierte damit übrigens auch Sprüche für eine Kampagne.

Der mittelständische Unternehmer Meinrad Müller von Alpenland Software druckte und verschenkte als PR-Aktion einen Tastaturaufkleber „Eniki". Schließlich wird die „any key"-Taste in unzähligen Windows-Fehlermeldungen erwähnt (Press any key!), ist aber auf keiner Computertastatur eingezeichnet. Der kurzlebige, aber extrem wirkungsvolle Gag brachte ihm mehr als 100 Presseberichte.

Michael O'Leary, Chef von Ryanair, lässt keine Gelegenheit aus, das David-Prinzip anzuwenden. Sie wissen ja, der wackere Kleine, der gegen den scheinbar übermächtigen Gegner ankämpft, um ihn letztendlich zu besiegen. In jedem Land, wo er mit seiner Ryanair antritt, macht er die etablierte Fluglinie zum Feindbild. Er beklebte seine Flugzeuge mit dem Slogan „Bye Bye Lufthansa" und ließ auch auf Pressekonferenzen keine Gelegenheit aus, den großen Rivalen herauszufordern. Wie er selbst sagte, waren die ständigen Prozesse, die Lufthansa gegen ihn anstrengt, seine beste PR, die ihm permanente Medienaufmerksamkeit bescherte.

Gute Nachrichten finden wie von allein ihren Weg in die Presse. Das zeigt das Beispiel des Friedrichshafener Steuerberaters Klaus Zoll, der von 1996 an jahrelang in der Presse war, ohne eine einzige Pressemeldung selbst verfasst zu haben. Es berichtete die Bildzeitung ebenso über ihn wie die Frauenzeitschriften „Bild der Frau" oder „marieclaire". Klaus Zoll hatte erkannt, dass zur Öffentlichkeitsarbeit auch die Teilnahme an Wettbewerben gehört. Als frauen- und familienfreundlicher Betrieb wurde sein Unternehmen sowohl mehrfach in Deutschland als auch von der Europäischen Union ausgezeichnet. Neben Erholungsbeihilfen für Kinder, einem Motorrad und einem Geländewagen für Wochenendausflüge, spendierte er seinen Mitarbeiterinnen auch eine kostenlose Bügelhilfe. Gerade diese letztgenannte Sozialleistung griffen die Medien als plakatives Beispiel gerne auf.

Wie man IHK, Wirtschaftsförderung und Politiker für sich nutzt

Es soll Menschen geben, die haben ein genauso starkes Interesse wie Sie in die Presse zu kommen. Politiker beispielsweise.

Finden Sie heraus, welche Politiker in Ihrem Wahlkreis für Landtags- oder Bundestagsmandate kandidieren, oder diese bereits innehaben. Denken Sie an die Gemeinderäte Ihrer Gemeinde oder einzelne Fraktionen. Vergessen Sie auch nicht die Bürgermeister. Alle diese Personen können Sie in Ihr Unternehmen einladen und dann darüber berichten. Politiker müssen Kontakte zu den Wählern pflegen und nehmen besonders im Jahr vor den Wahlen eine Unmenge von Besuchen wahr, die ihnen eine positive Presse bringen.

Ähnliches gilt für Wirtschaftsförderer, die notorisch unter Legitimationszwang stehen und ihr Wirken in der Öffentlichkeit demonstrieren müssen. Wirtschaftsförderer und IHK verfügen darüber hinaus meist über eigene Publikationsorgane, die Sie für Ihre Pressearbeit nutzen sollten. Sie erreichen über diese Medien nahezu alle Unternehmer in Ihrem Umkreis, dazu Entscheidungsträger, aber auch Ihren Banker, Rechtsanwalt und Steuerberater.

Eröffnen Sie ein virtuelles Pressezentrum!

Wie oft sitzen Journalisten an einem Artikel und es fehlt noch eine klitzekleine Information. Ein Blick auf die Uhr zeigt, dass es bereits spät geworden ist, in Ihrem Unternehmen ist niemand mehr erreichbar. Also schnell bei der Homepage vorbeisurfen und nachsehen, ob man dort die gewünschte Information findet.

Eröffnen Sie für solche Zwecke ein 24-Stunden-Pressezentrum auf Ihrer Website. Sie glauben gar nicht, wie wenig Unternehmen die preiswerte Möglichkeit nutzen, über Ihre Website für Journalisten Informationen zur Verfügung zu stellen. Den erweiterten Service werden Journalisten schätzen, um sich schnell und rund um die Uhr über Ihr Unternehmen informieren zu können. Ein Online-Pressezentrum, das optimal auf die Bedürfnisse von Journalisten zugeschnitten ist, enthält unter anderem die folgenden Angebote:
• Texte in PDF- und TXT-Version zum Download,

- Bilder als TIFF und JPG zum Download,
- den Ansprechpartner für die Presse,
- weiterführende Links zu den angebotenen Informationen,
- alle früheren Meldungen zum Thema.

Kostenlose Pressedienste im Internet

Im Internet gibt es unzählige Seiten, auf denen Sie Ihre Pressemitteilungen kostenlos verteilen können. Die Praxis zeigt: Journalisten bedienen sich kaum in diesen Diensten. Wenn Sie sich dort eintragen, kommen Sie also nicht auf den Schreibtisch der Journalisten und von dort in die Tageszeitung oder das Wochenmagazin. Trotzdem sollten Sie Pressemitteilungen dort einstellen. Denn zum einen gibt es Verbraucher, die dort Informationen beziehen. Und zum anderen – das ist weitaus interessanter – sammeln Sie durch eine Veröffentlichung Ihres Pressematerials auf diversen Webseiten Links, die auf Ihre Homepage verweisen. Eine gute Möglichkeit, die eigene Verlinkung zu fördern und eine bessere Platzierung in den Suchmaschinen zu erreichen. Sehr interessant ist es auch, dass einige dieser Dienste ihre Nachrichten auch über die Google News verbreiten. Dann steht Ihre Firmenmitteilung also direkt neben den Nachrichten etablierter Agenturen und Magazine.

Empfehlenswerte kostenlose Pressedienste sind z. B.:

- http://openpr.de
- http://www.businessportal24.com/de
- http://www.pressemitteilung.ws.
- http://www.firmenpresse.de

Vorsicht Fettnäpfchen!

- **Journalistengeschenke:** Lassen Sie alles sein, was über Blocks und Kugelschreiber hinausgeht. Erstaunlich wenige Leute sind korrumpierbar.
- **Entzug von Werbegeldern:** Mag sein, Sie haben in dem Blatt XY schon geworben. Und jetzt bringen die keine Pressemeldung von Ihnen? Bitte beachten Sie: die meisten Medien achten auf eine

strikte Trennung von Redaktion und Anzeigenverkauf. Da bringen Drohungen mit dem Entzug von Werbegeldern gar nichts. Andererseits: Die Blätter, die nach einem Pressebericht einen Zuschuss für Litho- und Bildkosten erbetteln wollen, sind auch nicht so selten. Wenn das Blatt für Sie nützlich und der Preis in Ordnung ist, zahlen Sie. Danach wissen Sie wenigstens, wie der Hase läuft.

Low Budget Tipps für Ihre Pressearbeit

Finger weg von Pressemappen

Pressemappen aus hochglänzenden oder mattem Karton, die gerade mal die Aufgabe haben ein paar DIN-A4-Blätter zu verpacken, sind rausgeworfenes Geld. Erstens teuer, zweitens kurzlebig. Kaum dass Sie sich umdrehen, wandern die Mappen in den Papierkorb, die Bilder gehen in die Bildredaktion und die Texte zum schreibenden Redakteur. In jedem Copy Shop finden Sie eine preisgünstige Alternative, um Unterlagen zusammenzuhalten.

Presseaussendungen nur per E-Mail

Nehmen Sie Presseaussendungen nur noch digital vor. Wozu Briefe und Faxe versenden, wenn Journalisten am Ende doch digitale Dokumente von Ihnen wollen?

Kaufen Sie eine Digitalkamera

Hören Sie auf analog zu fotografieren. Das Ganze ist ohnehin ein Umweg. Erst entwickeln, dann scannen, dann bearbeiten und dann versenden. Mit dem Digitalfoto haben Sie von Anfang an die benötigten Daten zur Verfügung. Für den seltenen Fall, dass Sie doch mal gute Abzüge brauchen, lassen Sie diese beim Fotogeschäft oder einem Online-Dienst printen.

7. Direct Mailings: Der schnellste Weg zum Kunden

- Werbung per Briefkasten
- Das Herzstück der Akquise: die Datenbank
- Woher man Adressen bekommt
- Adressen mieten oder kaufen?
- Werbebriefe selber schreiben
- Low Budget Tipps für Ihre Direct Mailings

Werbung per Briefkasten

Den klassischen Weg zu neuen Kunden zu kommen, bietet die gute alte Post. Die so genannten Direct Mailings, persönlich adressierte Schreiben an ausgesuchte Empfänger, gehören zu den am weitesten verbreiteten Werbemethoden überhaupt. Direct Mailings bestehen meist aus mehreren, längst bekannten Einzelteilen wie:

- Werbebrief/Anschreiben
- Flyer oder Prospekt
- Antwortkarte
- Antwortfax

Die Art und Weise wie diese einzelnen Komponenten auszusehen haben und wie man sie aufeinander abstimmt, ist eine Wissenschaft für sich. Zum Direktmarketing gibt es zahlreiche Bücher, unzählige Seminarangebote aber auch die so genannten Direktmarketingzentren der Deutschen Post, die Sie gerne bei der Konzeption solcher Mailings beraten. Nehmen Sie diese Hilfe auf alle Fälle in Anspruch, wenn es darum geht, die Kosten für ein solches Mailing zu reduzieren – denn Mailings sollten so optimiert sein, dass Sie nur das Minimum an Briefporto bezahlen.

Abbildung 24: Einfach vorbildlich: Bei diesem Flyer ist die Antwortkarte bereits integriert.

Abbildung 25: Erfolgreiche Werbung ist wie ein gutes Essen. Anstatt eines mehrgängigen Menüs kombinierte diese Werbeagentur in

Abb. 24: Mailing mit Antwortkarte (Quelle: Deutsche Post)

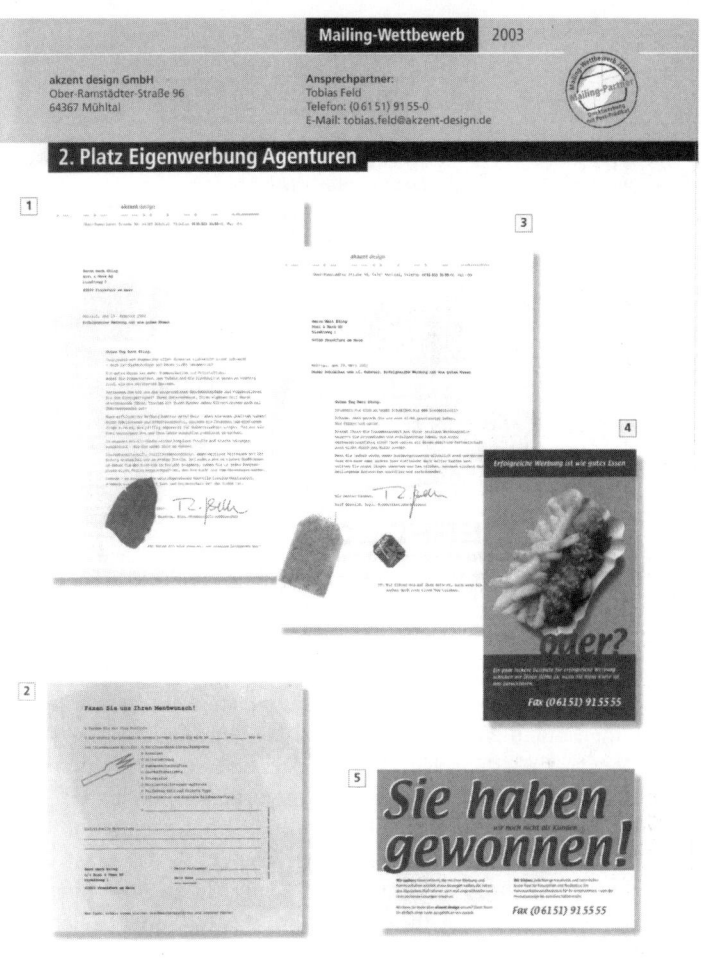

Anlass: (s. Ziel/Aufgabe) Ziel/Aufgabe: Neukunden-/Interessentengewinnung Zielgruppe: Verantwortliche für Marketing/Werbung/Unternehmenskommunikation Mailing-Bestandteile: Fünfstufiges Mailing; 1. Stufe: Umschlag mit [1] Anschreiben (mit Lorbeerblatt) und [2] Faxantwort; 2. Stufe: Postkarte; 3. Stufe: Umschlag mit [3] Anschreiben (mit Teebeutel) und Faxantwort; 4. Stufe: [4] Postkarte; 5. Stufe: [5] Postkarte

29

Abb. 25: Mehrstufiges Mailing (Quelle: Deutsche Post)

einem mehrstufigen Mailing verschiedene Bestandteile. Mal gab es ein Anschreiben mit beiliegender Faxantwort, mal ein Anschreiben mit Antwortkarte. Die Beilagen passten zum Thema Essen und waren originell und preiswert zugleich.

Kein Mailing ohne Antwortmöglichkeiten

Jedes Mailing muss dem Empfänger einfach zu handhabende, sofortige Reaktionsmöglichkeiten bieten. Sie brauchen dies aus mehreren Gründen:

(1) **Sie wollen verkaufen.** Natürlich kann die Antwort des Umworbenen auch der Kauf sein. Dann ist die Antwortkarte eine Bestellkarte, mit der ein Kaufvertrag geschlossen wird. Je wirksamer das Mailing und je bequemer die Bestellmöglichkeit gestaltet ist, desto mehr Umsatz werden Sie machen.

(2) **Sie wollen Adressen gewinnen.** Mietadressen dürfen Sie nur einmal einsetzen, mit der Ausnahme: Die Adressen der eingegangenen Antworter dürfen Sie Ihrer Adressdatei einverleiben. Das erklärt, warum Großversender wie Quelle von Zeit zu Zeit ganze Pkw zum Preis eines Fahrrads verkaufen – um Adressmaterial zu gewinnen.

(3) **Sie brauchen die Reaktion.** Versuchen Sie die Bedürfnisse eines bestimmten Kundenkreises genauer einschätzen zu können. So können Sie in einem allgemein gehaltenen Mailing Ihre gesamte Produktpalette in Kurzform vorstellen oder lediglich auf sich aufmerksam machen. Über die Antwortkarte können die Leser weiteres Infomaterial gezielt nach ihren Interessen anfordern.

(4) **Sie wollen Ihre Mailings optimieren.** Die Quote der Antworten – Fachleute nennen sie Responsrate – gibt Ihnen Aufschluss darüber, wie erfolgreich Ihre Werbeaktion war. Übrigens liegt eine durchschnittliche Responsrate bei 1–3 %. Das heißt, dass von 1.000 angeschriebenen Adressaten vermutlich nur 10–30 antworten werden. Um Ihre künftigen Mailings optimieren zu können, müssen Sie exakt wissen, welche Aktion mit welchem Produkt, Preis, Text, Adressmaterial erfolgreicher war als andere.

Jedes Mailing, das Sie aussenden, muss eine Antwortmöglichkeit aufzeigen, ja muss auffordern diese zu nutzen. Allerdings muss es in

den seltensten Fällen die klassische Antwortkarte sein. Die angebotene Antwortmöglichkeit muss sich an den Kommunikations-
gewohnheiten Ihrer Zielgruppe orientieren. Also wählen Sie das
Angebot, das diese am liebsten nutzt:

- **Antwort per Postkarte:** Der klassische Weg. Wählen Sie ihn, wenn
  Ihre Zielgruppe älter als 50 Jahre ist. Sie sind mit dem Postweg ver-
  trauter als mit anderen Kommunikationsformen. Wenn Sie die
  Kosten für das Rückporto übernehmen, steigen Ihre Chancen, den
  Rücklauf zu erhöhen, ganz beträchtlich.

- **Antwort per Fax:** Für Unternehmen ist es einfacher per Fax zu reagieren. Gestalten Sie ein Antwortfax, das Ihre Adresse und Fax-
  Nummer enthält und geben Sie dort die Antwortmöglichkeiten
  zum Ankreuzen bereits vor. So kann man mit wenigen Handgriffen reagieren.

- **Antwort per Anruf:** Telefonieren ist einfach und kostengünstig.
  Quer durch alle Altersschichten greifen sowohl privat als auch be-
  ruflich Umworbene gern zum Hörer, um eine Antwort loswerden
  zu können. Je nachdem, wie viele Anrufe Sie erwarten und welche Aktivität mit dem Anruf ausgelöst werden soll, können Sie
  entscheiden, ob Sie den Anruf persönlich durch einen Mitarbeiter
  wahrnehmen lassen oder durch einen Anrufbeantworter. Nutzen
  Sie Anrufbeantworter für einfache Aktivitäten, wie die Anforde-
  rung eines Kataloges oder die Teilnahme an einem Gewinnspiel.
  Ansonsten gehen Sie selbst ans Telefon. Eine prima Gelegenheit
  neue Kunden kennen zu lernen.

- **Antwort per Website:** Natürlich können Sie auch auffordern Ihre
  Webseite zu besuchen. Etwa weil dort ein Schnäppchen wartet
  oder weiterführende Informationen, die den Umworbenen interessieren. Tun Sie dies aber nur bei Zielgruppen, die zu den wichtigsten Webusern gehören. Und diese sind in der Mehrzahl meist
  noch immer männlich und zwischen 14 und 40 Jahre alt. Auch bei
  Angeboten von Unternehmen zu Unternehmen lohnt sich die Verknüpfung per Website. Denn Arbeitszeit ist zu einem guten Teil
  auch Surfzeit, wie Website-Statistiken beweisen.

- **Antwort per E-Mail und SMS:** Erfordert Ihr Angebot eine super-
  schnelle Reaktion mit dem Handy aus der Hüfte? Dann versuchen
  Sie es! SMS-Mitteilungen sind bei Kindern und Jugendlichen gang

und gäbe. Aber auch viele Geschäftsleute zücken inzwischen gerne ihr Handy, um an einem Gewinnspiel teilzunehmen oder einen Coupon zu ergattern.

Wie man die Responsrate erhöht

Frage: Müssen Sie eigentlich mit einer Responsrate von 1–3 % leben? Antwort: Ja. Planen Sie keinesfalls von vornherein höhere Responsraten ein. Greifen Sie zu einer Direktmailaktion nur, wenn es sich auch bei derart niedrigen Erfolgschancen rechnet. Und versuchen Sie dann alles, um die Responsrate zu erhöhen. Faktoren, die die Responsrate in die Höhe schnellen lassen:

- Gewinnspiele
- Superschnäppchen
- Exklusivangebote

> **Profitipp:** Achten Sie darauf, dass jede Reaktion auf Ihr Mailing innerhalb einer bestimmten Frist erfolgen muss. Menschen neigen nun mal dazu Dinge, die sie nicht sofort tun müssen auf später zu verschieben. Diese Trägheit müssen Sie aushebeln. Also setzen Sie den Lesern Termine!

Der klassische Brief ist nach wie vor eine hervorragende Methode, um gezielt für sich zu werben. Vor allem bei Privatpersonen und Kleinunternehmen, bei denen die Post vom Firmeninhaber geöffnet wird, können Sie sicher sein, dass Ihre Botschaft den Empfänger erreicht. In großen Firmen ist es weitaus schwieriger. Schreiben, die nicht persönlich adressiert sind und bei denen womöglich sogar die Angabe der richtigen Abteilung fehlt, gehen entweder einen Irrweg im Unternehmen oder landen gleich im Papierkorb. Und selbst bei persönlich adressierten Briefen gibt es eine Hürde zu nehmen: die Sekretärin. Im Direktmarketing spricht man davon, dass etwa 60 % der Briefe ihren Empfänger überhaupt nicht erreichen.

Direct Mailings sind teuer: Zu den Kosten für Briefe, Briefhüllen, die Beilage eines Prospektes oder einer Antwortkarte kommen als größter Kostenfaktor die Portokosten hinzu. Rechnet man dann die unter Umständen geringe Erfolgsquote hinzu, kann Sie das Zustandekommen eines wirksamen Kontaktes, bei dem Ihr Mailing von der Zielperson gelesen wird, leicht 5 Euro pro Kopf kosten.

Und dann die Erfolgsquote: Direktmarketingprofis sind schon zufrieden wenn etwa 3 % der Empfänger reagieren, indem Sie etwa weiteres Informationsmaterial anfordern oder gar eine Bestellung tätigen.

Der Grund für die geringen Erfolge von Direct Mailings liegt meist in der mangelnden Vorauswahl der Adressen. Persönliche Adressen von potentiellen Kunden Ihres Unternehmens, gehören zu den wichtigsten „Schätzen" in Ihrem Werbetresor. Erfolgsbringer Nummer 1 für eine hohe Responsrate sind aber die richtig ausgewählten Adressen für die vorgesehene Werbeaktion.

Das Herzstück der Akquise: die Datenbank

Beginnen Sie, auch wenn Sie nur einfachste Mittel einsetzen, mit dem Aufbau einer Datenbank. Erfassen Sie systematisch Namen, Vornamen, vollständige Anschrift, Telefondurchwahl, Fax-Nummern und E-Mail-Adressen der für Sie relevanten Empfänger.

Am einfachsten erhalten Sie diese Daten von Ihren Kunden. Ein wichtiges Potential, um sie nach dem Kauf zu betreuen, über weitere Produkte auf dem Laufenden zu halten oder neue Produkte und Dienstleistungen dieser Gruppe zu verkaufen.

Wichtig sind aber die Neukunden und vor allem die, die es werden sollen. Und deren Adressen müssen Sie bekommen.

Woher man Adressen bekommt

Seien Sie selbst aktiv in der Adressbeschaffung. Ihre Eigenleistung kostet Sie nichts, außer der Zeit, die Sie investieren. Niemand kann besser prüfen als Sie oder Mitarbeiter des Unternehmens, welche Zielgruppe für Sie in Frage kommt. Und außerdem müssen Sie ohnehin Kontakte für Ihr Unternehmen schaffen. Die besten Möglichkeiten Adressen zu beschaffen sind:

- **Veranstaltungen:** Auf Messen, Symposien und Kongressen haben Sie eine große Chance Kontakte zu knüpfen. Seien Sie offensiv in der Beschaffung von Visitenkarten und geben Sie Ihre eigenen freigiebig aus. Bei vielen Seminaren und Kongressen werden Teilnehmerlisten ausgegeben. Manche Besucher gehen nur wegen der Listen dorthin. Oftmals sind darin Ansprechpartner mit ihrer Funktion und vollständiger Anschrift erfasst. Da sich solche Veranstaltungen im inneren Zirkel der Branche abspielen, erhalten Sie qualitativ besonders hochwertiges Adressmaterial.

- **Verbände:** Treten Sie Berufsverbänden bei. Die Mitglieder des Verbandes sind nicht nur Wettbewerber, sondern repräsentieren meist alle Akteure des Marktes, also auch Ihre Kunden. Über Verbandsveranstaltungen können Sie wiederum persönliche Kontakte knüpfen.

- **Fachzeitschriften:** Auch durch die Lektüre von Fachzeitschriften ergibt sich ein Bild des Marktgeschehens. In Anzeigen und vor allem in den redaktionellen Berichten der Fachzeitschrift tauchen sehr häufig „Personalien" auf.

- **Andere Marktteilnehmer:** Sie teilen sich Ihre Zielgruppe mit vielen anderen. Nicht nur mit Ihren Wettbewerbern: der EDV-Leiter eines kleinen Unternehmens wird beispielsweise von Softwareherstellern, PC-Herstellern, Schulungsfirmen, Netzwerkausrüstern, Datenträger-Lieferanten usw. angeschrieben. Gehen Sie auf andere Unternehmen zu, die die gleiche Zielgruppe wie Sie teilen und fragen Sie diese, ob Sie deren Adressbestand gegen Entgelt nutzen dürfen.

- **IHK, Handwerkskammer:** Auch hier können Sie Adressen von den Mitgliedsfirmen der jeweiligen Organisation oder Kammer erhalten. Erwarten Sie aber von der Qualität nicht allzu viel. Der Adressbestand wurde schließlich nicht für Zwecke der kommerziellen Verwertung ermittelt: Dafür sind diese Adressen preiswert zu erwerben.

Adressen mieten oder kaufen?

Es gibt eine Vielzahl von Unternehmen, die sich darauf spezialisiert haben, die Adressen jeder gewünschten Zielgruppe zu beschaffen und zur Nutzung bereitzustellen.

In der Regel werden die Adressen für eine einmalige Nutzung bereitgestellt. Sie mieten die Adressen für diesen Zweck und bezahlen Preise ab 0,10 Euro pro Adresse – je nach gewünschter Zielgruppe.

Je besser Adressen selektiert sind, desto teurer werden sie angeboten. Adressen von Privatpersonen sind meist wesentlich preisgünstiger, als die von Entscheidern oder bestimmten Berufsgruppen, die für Ihr Unternehmen in Frage kommen.

Allerdings dürfen Sie diese Adressen nur ein einziges Mal einsetzen, Sie dürfen also weder telefonisch noch brieflich nachfassen, sondern müssen abwarten, ob der Empfänger auf Ihre Mailing-Aktion reagiert. Wenn Sie Adressen mieten wollen, selektieren Sie so exakt wie möglich. Ein Beispiel, wie Sie Entscheideradressen sehr genau differenzieren können, sehen Sie in Abbildung 26 (S. 152). Das Beispiel eines Adressverlages zeigt, wie man die Zielgruppe der IT-Anwender anhand verschiedener Kriterien exakt differenzieren kann.

Für den Aufbau eines eigenen Adressenpools dürfen Sie die gemieteten Adressen also keinesfalls verwenden. Hüten Sie sich davor, gegen diese Regel zu verstoßen. In jeder Adresslieferung sind Kontrolladressen eingebaut, die dem Adresslieferanten die Möglichkeit geben, den vertragsgemäßen Umgang mit den Adressen stichprobenartig zu kontrollieren. Bei Verstößen zahlen Sie eine Vertragsstrafe vom zehn- bis fünfzehnfachen des Rechnungsbetrages.

Der Kauf von Adressen ist meist die schlechteste Variante. Adressen sollten Sie nur kaufen, wenn:

• Sie den Datensatz von einer früheren Mailingaktion kennen und er sich bereits als erfolgreich erwiesen hat;
• Sie permanent Aktionen planen und der Kauf der Adressen damit preisgünstiger ist, als die Kosten für eine mehrmalige Miete;
• der Kaufpreis nur unwesentlich höher als der Mietpreis ist.

Ein Nachteil des Kaufs: Sie sind für die Pflege der Adressen selbst verantwortlich, müssen Dubletten löschen, Anschriften und Ansprechpartner korrigieren und benötigen dafür eine leistungsfähige Adressverwaltung.

Wer vermietet Adressen?

Die großen Adressverlage wie Schober, AZ Bertelsmann, panAdress oder Merkur haben ein umfangreiches Angebot an Privat-

Datenbank	Selektion	ohne Angabe	nach Beschäftigung								
			1-9	10-49	50-99	100-249	100-499	250-499	500-999	ab 1000
IT-Anwender	ab 5 Server	20	2	50	730	1782	7	1170	733	585
IT-Anwender	ab 5 PC Workstations	132	1392	9374	8816	9654	745	3518	1932	1520
IT-Anwender	ab 50 PC Workstations	50	5	280	1957	4416	285	2640	1637	1372
IT-Anwender	ab 100 PC Workstations	30	0	14	255	2101	164	1782	1398	1278
IT-Anwender	FRP	35	201	1719	2076	3487	127	1646	944	876
IT-Anwender	FRP, PPS, WWS	46	507	3752	3517	5142	181	2091	1109	949
IT-Anwender	SAP	15	17	228	407	955	70	697	583	718
IT-Anwender	Sun	2	10	112	131	273	27	177	141	154
IT-Anwender	Oracle	22	38	481	799	1561	76	1003	717	760
IT-Anwender	MS Office, Access, Exel	88	2033	8138	6566	7176	297	2591	1322	978
IT-Anwender	Internet/Groupware	27	237	1997	2180	3264	32	1542	813	659
IT-Anwender	Mit SW-Entwicklung	18	270	1407	1463	2347	61	1135	611	538
IT-Anwender	Fertigungs-/Industriebetriebe	35	739	3969	3656	5524	237	2097	1051	872

Abb. 26: Übersicht Selektionsmöglichkeit Entscheideradressen (Quelle: www.ama-adress.de)

und Geschäftsadressen. Kleinere Anbieter wie Ama, Iltisberger oder Jannausch sind auf Spezialzielgruppen spezialisiert wie z. B. EDV Anwender, Adressen zur Baubranche oder Ansprechpartner aus Werbung und Marketing. Bei den meisten Adressverlagen können Sie auch das gesamte Mailing in Auftrag geben: also Briefe drucken, kuvertieren, frankieren, versenden. Darüber hinaus übernehmen manche auch die Gestaltung des Mailings oder die Gestaltung und Herstellung von Werbebeilagen wie etwa Prospekten. Alles in allem ein Rund-um-Service, der seinen Preis hat.

Achtung: Die nach Ihren Kriterien selektierten Adressen werden immer im Tausenderpack vermietet. Alle Preisangaben beziehen sich auf diese Menge. Die Mindestabnahmemenge kann aber von Fall zu Fall auch höher sein. Zu den Mietkosten kommen noch Pauschalen für die Datenbankselektion oder die Lieferform – online, per CD-ROM oder fix fertig ausgedruckt auf Selbstklebeetiketten – hinzu.

Werbebriefe selber schreiben

Soll ich oder soll ich nicht? Die Frage müssen Sie selbst entscheiden. Aber zuvor sollten Sie es probiert haben. Die meisten Unternehmer machen beim Texten von Werbebriefen allerdings einen kardinalen Fehler. Sie denken zu viel an sich. An das, was ihr Unternehmen kann, wie wunderbar seine Produkte sind. Vor lauter Argumenten können sie sich nicht für eines entscheiden. Dabei vergessen sie meistens das Wichtigste: den Kundennutzen.

Der Anfang

Wenn Sie sich hinsetzen und zu formulieren beginnen, vergessen Sie alles, was Sie gerne loswerden möchten. Sehen Sie den Kunden vor sich. Überlegen Sie, was er mit Ihren Produkten alles anstellen könnte, welche Vorteile er hätte, wenn er mit Ihnen zusammenarbeiten würde. Wenn Sie so weit sind, dass Sie alles mit Kundenaugen sehen: fangen Sie an! Es ist wie beim Flirten oder beim Smalltalk, das wirklich Schwere ist der Anfang. Alles was Sie brauchen, ist eine erste Zeile, eine Überschrift. Mit den folgenden Techniken schaffen Sie den Einstieg.

- **Die Wie-Sie-Technik**
  - Wie Sie es schaffen 10 % Ihrer Mailingkosten zu senken.
  - Wie Sie mit Zahnstochern ein Vermögen verdienen.
- **Die Frage-Technik**
  - Wollen Sie nicht auch weniger Steuern zahlen?
  - Fühlen Sie sich oft müde, lustlos und abgespannt?
- **Die Tatsachen-Technik**
  - Sie zahlen zu viel Steuern!
  - Ihr Fuhrpark kostet mehr als Sie denken!
- **Die Ausweg-Technik**
  - Alles wird teurer. Unsere Dienstleistung nicht!
  - Ganz Deutschland jammert. Wir bringen Ihnen neue Kunden!
- **Die plumpe Technik**
  - Preisvorteil!
  - Gartengeräte. Jetzt billiger!
- **Die Tempo-Technik**
  - Spar-Tarif! Nur noch bis…
  - Aktion des Monats!

Die erste Passage

Der Einstieg wäre jetzt geschafft. Jetzt beginnt das Verkaufsgespräch.

Mit dem ersten Satz haben Sie neugierig gemacht, jetzt müssen Sie den Kunden in seinem Interesse bestärken, denn nach Ihrer Eingangsbehauptung will der Leser Taten sehen:
- Wie verschaffe ich mir den Preisvorteil?
- Wie senke ich meine Kosten?
- Wie zahle ich weniger Steuern?
- Wie senke ich meine Fuhrparkkosten?
- Wie soll das mit dem Ausweg funktionieren?
- Wie groß ist meine Ersparnis?
- Wie sichere ich mir meinen Preisvorteil?

Wenn Sie es schaffen, dies in 2–3 Sätzen von sich zu geben, ist es perfekt.

Die zweite Passage

Als ob das alles nicht genug wäre: jetzt haben Sie die Chance, weitere Argumente anzuführen, etwa aufkeimende Zweifel auszuräumen, das Kundeninteresse zu bestärken und schon sind Sie kurz vor dem Ziel.

Action bitte: Die Handlungsaufforderung

Sagen Sie am Ende ganz klar, was der Leser jetzt tun soll. Verhindern Sie, dass er den Brief weglegt und die Problemlösung aufschieben kann. Was soll der Kunde tun? Anrufen? Ein Antwortfax senden? Ein Produkt bestellen? Eine Leistung buchen? Reden Sie nicht mehr um den heißen Brei herum. Stellen Sie sich zum Schluss Ihres Briefes einen überzeugten Kunden vor, der zu Ihnen sagt: „Klingt alles prima. Wo soll ich jetzt unterschreiben?" Machen Sie ihm die Reaktion so einfach wie möglich:

- Am besten Sie rufen uns noch heute an!
- Sie wollen mehr erfahren? Denn senden Sie uns die beigelegte Antwortkarte umgehend zurück.
- Melden Sie sich an! Einfach Fax ausfüllen, unterschreiben und zurückfaxen an...

P. S.

In keinem Werk über das Schreiben von Werbebriefen fehlt der P. S.-Tipp. Er lautet: Schreiben Sie eine besonders wichtige Information in das P. S. am Ende des Briefes. Erfahrungsgemäß wird das P.S. von vielen Menschen gleich nach der Überschrift gelesen.

Profitipp: Versenden Sie nie Werbebriefe, die nicht persönlich adressiert sind. Die Kosten für den Brief sind mit größter Wahrscheinlichkeit rausgeworfenes Geld.

Low Budget Tipps für Ihre Direct Mailings

Adressen

Recherchieren Sie Ihre Adressen selbst und achten Sie auf Vollständigkeit und richtige Schreibweise. Je perfekter Sie adressieren, desto besser kommt ein Mailing an – im doppelten Sinne des Wortes.

Responsmöglichkeiten

Bieten Sie preiswerte Responsmöglichkeiten über Telefon und Internet. So sparen Sie sich oder Ihrem potentiellen Kunden die Bezahlung von Rückporto.

Keine mehrstufigen Mailings

Bringen Sie Ihr Vorhaben mit einer einzigen Mailing-Aktion zum Erfolg. Verzichten Sie auf so genannte Nachfassmailings, die lediglich Erinnerungsfunktion haben. Die Portokosten verdoppeln sich sonst unnötig.

Datenbankorganisation

Sorgen Sie für den Aufbau einer eigenen Adressdatenbank und stellen Sie sicher, dass Sie die Technik des Serienbriefversands im eigenen Unternehmen beherrschen.

Pflege

Pflegen Sie Ihre Datenbank nach jeder Mailing-Aktion. So reduzieren Sie falsch adressierte Aussendungen oder Mailings an nicht interessierte Empfänger auf ein Minimum.

Reduktion

Reduzieren Sie die Anzahl der versandten Mailings pro Aussendungsaktion. Wenn Sie beispielsweise über 1.000 Adressen verfügen, planen Sie statt einer Mailingaktion an alle lieber zwei Mailing-

Aktionen an jeweils 500 Adressen. Zum einen müssen Sie die Rückläufer qualifiziert bearbeiten können, zum anderen können Sie Erfahrungswerte aus der ersten Aktion bereits beim 2.Versandtermin berücksichtigen.

8. Auffallen mit Anzeigen

- Anzeigen, wozu das denn?
- Wo Sie Anzeigen schalten können
- Elemente der Anzeigenstrategie
- Wie wirken Anzeigen?
- Nicht vergessen: Das ARA-Prinzip
- Anzeigenformate und Platzierungen
- Die große Ausnahme: Aufmerksamkeit mit dem Big Bang
- Die richtige Platzierung Ihrer Anzeige
- Sonderthemen und Gemeinschaftsanzeigen Stellenanzeigen als Imageträger
- Beilagen: die Alternative zu Anzeigen
- Wie man Anzeigen richtig bucht
- Erfolgskontrolle
- Low Budget Tipps für Ihre Anzeigenwerbung

Anzeigen, wozu das denn?

Das klassische Werbemittel schlechthin: die Anzeige. Zeitschriften und Zeitungen sind voll davon – aber spüren in den letzten Jahren einen deutlichen Rückgang. Noch immer sind Anzeigen das wichtigste Werbemittel überhaupt. Noch immer sind sie ein hervorragender Weg zum Kunden. Und trotzdem: ihre Vormachtstellung bröckelt, Anzeigen sind teuer. Man muss den Anzeigenraum bezahlen. Man muss Anzeigen perfekt gestalten, damit sie überhaupt wahrgenommen werden. Und man muss sie häufig wiederholen, damit sich der Werbeeffekt bei Zeitschriften- oder Zeitungslesern einstellt.

Da stellt sich die Frage zu Recht: Brauche ich überhaupt Anzeigen? Es gibt doch Alternativen:

- Ein Einzelhändler könnte Postwurfsendungen verteilen.
- Eine Softwareberatung könnte einen E-Mail-Newsletter auflegen.
- Eine Fahrschule könnte Plakate vor Schulen aufstellen.
- Ein Handwerker könnte bei großen Bauträgern persönlich vorstellig werden.

Dies alles wären gute Alternativen anstelle von Anzeigen. Was aber spricht für Anzeigen? Der einzige Grund, weshalb Sie Anzeigen schalten sollten, lautet: die mögliche Leserschaft ist exakt Ihre Zielgruppe. Und sie ist durch nichts günstiger zu erreichen.

Wo Sie Anzeigen schalten können

Anzeigen in Tageszeitungen und Anzeigenblättern

Wenn Sie ein regional begrenztes Einzugsgebiet haben und Ihre Zielgruppe nahezu die gesamte Bevölkerung ist, dann sind Sie in der örtlichen Tageszeitung oder im Anzeigenblatt sehr gut aufgehoben. Der Grund, der für die überwiegend im Abonnement vertriebene Tageszeitung spricht, ist, dass Sie intensiver gelesen wird, als die kostenlos im Briefkasten steckenden Anzeigenblätter. Weil Anzeigen in Tageszeitungen teurer sind als in den Anzeigenblättern, finden Sie darin auch weniger. Und je weniger Werbe-Konkurrenz Sie haben, desto stärker wird Ihr Anzeigenmotiv auffallen.

Leider erreichen Tageszeitungen immer nur einen Teil der Haushalte Ihrer Stadt oder Gemeinde. Dagegen haben Anzeigenblätter eine weitaus höhere Auflage, wie gesagt bei meist kleineren Anzeigenpreisen. Nicht immer haben Anzeigenblätter die Akzeptanz Ihrer Leser. An Briefkästen mit „Werbung – nein Danke"-Aufklebern werden Sie nicht zugestellt. Und nicht wenige der zugestellten Exemplare werden von den Lesern unbesehen weggeworfen. Wie das in Ihrem Heimatort ist, können Sie am besten selbst beurteilen.

Gemeinde- und Amtsblätter

Sie kommen in jeden Haushalt und sind konkurrenzlos günstig. Wenn es also in Ihrer Stadt ein solches Blatt mit kommunalen Mitteilungen oder Bürgerinformationen gibt, dann ist dies der ideale Werbeträger, um die Bürger Ihres Ortes anzusprechen.

Anzeigen in Fachzeitschriften

Nirgends zeigt sich der Grund Anzeigen zu schalten einleuchtender, als bei Fachzeitschriften. Für nahezu jede erdenkliche Branche und Berufsgruppe gibt es eine oder mehrere Fachzeitschriften. Wenn Sie Ihre Produkte und Dienstleistungen für eine ganz spezielle Klientel anbieten, dann finden Sie diese unter den Lesern von Fachzeitschriften in konzentrierter Form. Fachzeitschriften erweitern Ihr Angebot für den Leser nicht selten um Online-Informationen, veranstalten Seminare oder geben Fachbücher heraus. Sie verschaffen Ihnen daher einen umfassenden Einblick in die Zielgruppe und einen wirkungsvollen Zutritt zu ihr.

Fachzeitschriften führen häufig auch Analysen ihrer Leserschaft durch und können Ihnen auch mitteilen, zu welchem Anteil Ihre Magazine von der Geschäftsführung, dem mittleren Management, dem Einkauf oder dem Vertrieb gelesen werden. Tatsächlich können Sie anhand dieser Information prüfen, wie zielgenau Sie mit dem entsprechenden Medium Ihre Zielgruppe erreichen. Voraussetzung für die Nutzung des Fachzeitschriftenangebotes ist, dass Sie Ihre Unternehmensleistungen bundesweit anbieten – Fachzeitschriften haben keine Regional- oder Lokalausgaben.

Anzeigen in Publikumszeitschriften

Auch unter den Zeitschriften, die sich an die breite Bevölkerung wenden, gibt es eine Vielfalt von Themen, die schier unerschöpflich scheinen. Von Auto- und Motorsport, über Bauen und Wohnen bis hin zu Nachrichtenmagazinen, Fernsehzeitschriften, Sportmagazinen, Hifi- und Computerzeitschriften und vielen mehr. Ihre Auflagen reichen von etwa 10.000 bis hin zu mehreren Millionen Stück. Die Anzeigenpreise orientieren sich natürlich an der Auflage.

Bei Publikumszeitschriften werden die, absolut betrachtet, recht hohen Anzeigenpreise durch das Argument der hohen Auflage relativiert. Eine maßgebliche Einheit um verschiedene Angebote vergleichend bewerten zu können, ist der so genannte Tausend-Kontakte-Preis (TKP) – er gibt an, wie viel 1.000 Kontakte zu den Lesern der Zeitschrift kosten. So gesehen bietet die ADAC Motorwelt mit einer Auflage von 15.3 Mio., die wirtschaftlichste Möglichkeit 1.000 Kontakte zu erkaufen. Sie kosten derzeit nur 5,21 Euro. Um Ihre Werbebotschaft an einen einzigen Leser bringen zu können, zahlen Sie also nur einen halben Cent. Bloß, was nützt das, wenn

Sie für eine einzige ganzseitige Anzeige über 70.000 Euro bezahlen müssen?

Fazit: Anzeigen in Publikumszeitschriften setzen ein weitaus höheres Budget voraus, als es die meisten Unternehmen haben dürften. Auch bei der Werbung in Publikumszeitschriften ist ein nationaler Vertrieb die Mindestvoraussetzung. Wenn Ihr Unternehmen so weit ist, dass es Werbung in Publikumszeitschriften in Erwägung zieht, wird es Zeit, sich mit diesem Thema differenziert auseinander zu setzen. Aber das dazu nötige Spezialwissen ist nicht nur ein Kapitel, sondern ein ganzes Buch für sich.

Stadtmagazine, Schüler- und Studentenzeitungen, Szenepresse und viele mehr

Es gibt noch eine ganze Menge von Zeitschriftentypen, die als Werbeträger durchaus in Frage kommen. Viele dieser Blätter haben sehr kleine Auflagen, weil sie sich eben an ein sehr spezielles Publikum wenden. Aber vielleicht sind ja die Leser der Zeitschrift und Ihre Zielgruppe zu einem hohen Grad identisch? Wenn ja, haben Sie auch in einer Schülerzeitschrift, von der vielleicht nur 200 Exemplare verteilt werden, einen idealen Werbeträger für sich.

Elemente der Anzeigenstrategie

• **Planen Sie nie eine einzige Anzeige, planen Sie sechs!** Wenn Sie ihr ganzes Geld zusammen nehmen wollen, um eine einzige Anzeige gestalten zu lassen und zu veröffentlichen, dann behalten Sie es lieber und investieren Sie in etwas anderes. Um mit Anzeigen Erfolg zu haben, braucht es die Wiederholung. Nicht sechs verschiedene Anzeigen sollen Sie schalten, sondern sechs mal die gleiche. Vielleicht wird es Ihnen nach dem 4. Erscheinen so gehen, dass Sie meinen, es nicht mehr sehen zu können. Ihre Kunden haben gerade mal angefangen, sie zu bemerken. Und noch etwas: wenn Ihr Anzeigenbudget für sechs Anzeigenschaltungen ausreicht, verteilen Sie diese nicht über das ganze Jahr. Bündeln Sie Ihre Werbung in einer zeitlich begrenzten Kampagne!

Machen Sie statt einer großen Anzeige lieber viele kleine! Bei der Anzeigenwerbung ist die Größe wirklich nicht entscheidend. Wie oben gesagt, ist es die Wiederholung: Damit Sie sich die Wiederholung leisten können, gestalten Sie Ihre Anzeige lieber kleiner.

- **Keine Angst vor Schwarz-Weiß-Anzeigen!** Natürlich sieht in Farbe alles ein bisschen schöner aus. Aber in einem Umfeld, in dem alles Bunt ist, sticht eine „unbunte" Anzeige sehr viel stärker hervor. Außerdem sind Schwarz-Weiß-Kontraste schneller zu erfassen als ein Teller bunte Knete. Vor einigen Jahren testete ein Verlag die Wirkung von Kleinanzeigen, um herauszubekommen, ob vierfarbige Anzeigen den zweifarbigen und diese wiederum den Schwarz-Weiß-Anzeigen überlegen wären. Das verblüffende Ergebnis war, dass viele der zweifarbigen Anzeigen mehr Beachtung gefunden hatten als erheblich größere, vierfarbige Motive. Noch verblüffender war die folgende Feststellung: Sieger im Test wurde eine Schwarz-Weiß-Anzeige.

Wie wirken Anzeigen?

Anzeigen, die keine Reaktionen auslösen, sind rausgeworfenes Geld. Wenn Sie eine Anzeige schalten, dann nicht damit sie gelesen wird, sondern damit sie Reaktionen auslöst. Sie schalten Anzeigen um:

- Ihr Lager zu räumen,
- neue Produkte einzuführen,
- besondere Dienstleistungen zu verkünden,
- Eröffnungen oder Schließungen anzuzeigen,
- Personal zu suchen,
- ein besonderes Ereignis anzukündigen,
- Ihre aktuellen Preise zu veröffentlichen,
- mit Sonderangeboten mehr Frequenz in Ihrem Geschäft zu erzeugen.

In allen Fällen sind Sie auf die Reaktion der Anzeigenleser angewiesen, um Ihr Ziel zu erreichen. Verlieren Sie dieses Ziel nicht aus den Augen. „Na ja", so sagen viele Geschäftsinhaber, „vom Umsatz her hat diese Anzeige nichts gebracht, aber wir sind bekannter geworden." Geben Sie sich mit solchen Wirkungen nicht zufrieden. Wenn Sie nur bekannt werden wollen, dann verstärken Sie Ihre Pressearbeit. Anzeigen dienen einem knallharten Zweck, den Sie vorab definieren müssen.

Anzeigen kosten bares Geld, sie sind ein Vorschuss auf das Kapital, das Sie erst noch verdienen müssen. Also müssen sie wirken. Wie aber kommen Sie zu wirksamen Anzeigen?

Die Gestaltung

Eine Anzeige besteht aus vier zentralen Elementen: Einem Bild, das einen starken Blickfang auslöst. Einer Headline, die Ihre Kunden anspricht. Einem Text, der Ihr Angebot „rüberbringt". Und Ihrem Logo und Adresse, damit man den Absender des Inserats identifizieren kann. Mehr nicht.

Forschungen haben ergeben, dass das menschliche Auge zuerst auf Bilder reagiert, dann auf die Headline, dann das Logo und zuletzt den Text. Dabei entscheidet der erste Eindruck, denn allein die Wahrnehmung der ersten drei Elemente reicht dem Leser für eine wichtige Entscheidungsfindung aus und die lautet: Soll ich den Text überhaupt lesen? Gehen Sie davon aus, dass Zwei-Drittel der Leser, die Ihre Anzeige wahrgenommen haben, sich gegen das Lesen des Textes entscheiden.

Erst wenn Bild, Headline und Logo genügend Anreize für Ihre Zielgruppe enthalten, findet ihr meist klein gedruckter Verkaufstext seine Leser. Aus dem Gesagten haben so manche Werbeleute gefolgert, dass man Texte möglichst kurz fassen oder gar ganz weglassen könnte. „Liest doch ohnehin keiner", hieß die Parole. Die richtige Folgerung lautet aber: Bild, Headline und Logo bilden ein Wirkdreieck, das Sie an allen drei Ecken perfekt gestalten müssen, um die Leser auf den Text aufmerksam zu machen.

Abbildung 27: Das Beispiel dieser Porsche-Anzeige zeigt, in welcher Reihenfolge und mit welcher Intensität Anzeigen-Elemente wahrgenommen werden. Die Stellen der intensivsten Wahrnehmung sind mit den Ziffern gekennzeichnet.

Abbildung 28: Während in der Porsche-Anzeige alle wichtigen Elemente (Produkt, Logo, Text) wahrgenommen werden, scheint die Anzeige von Citroen überfrachtet. Viel zu viele Elemente behin-

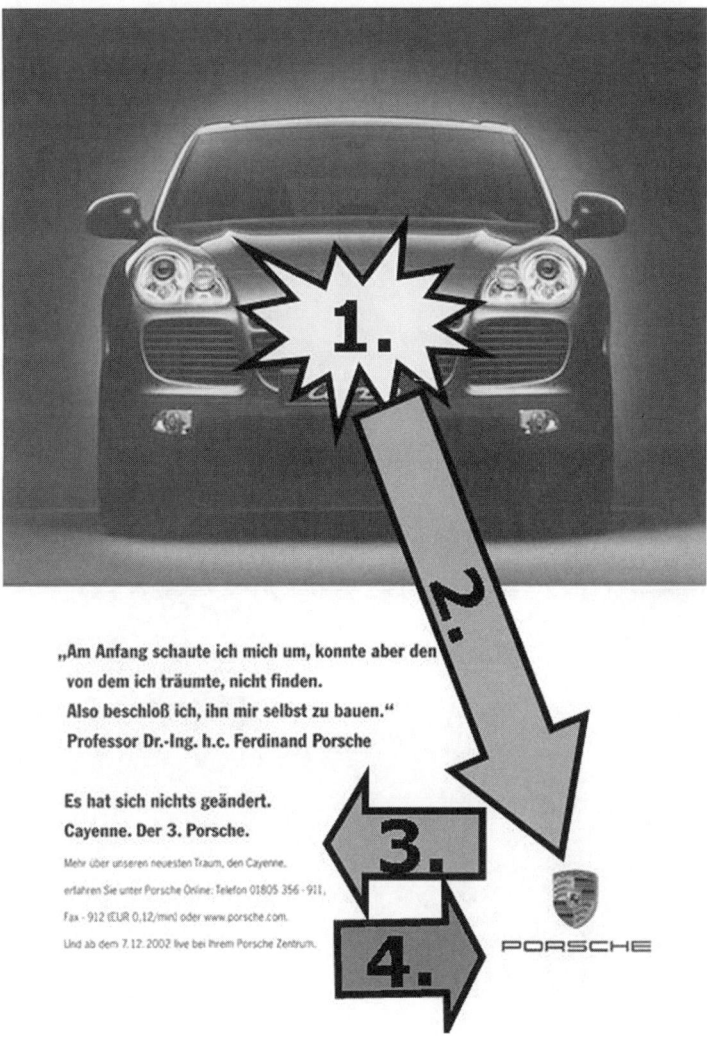

Abb. 27: Wahrnehmung bei Anzeigen (Quelle: MediaAnalyzer Software & - Research GmbH)

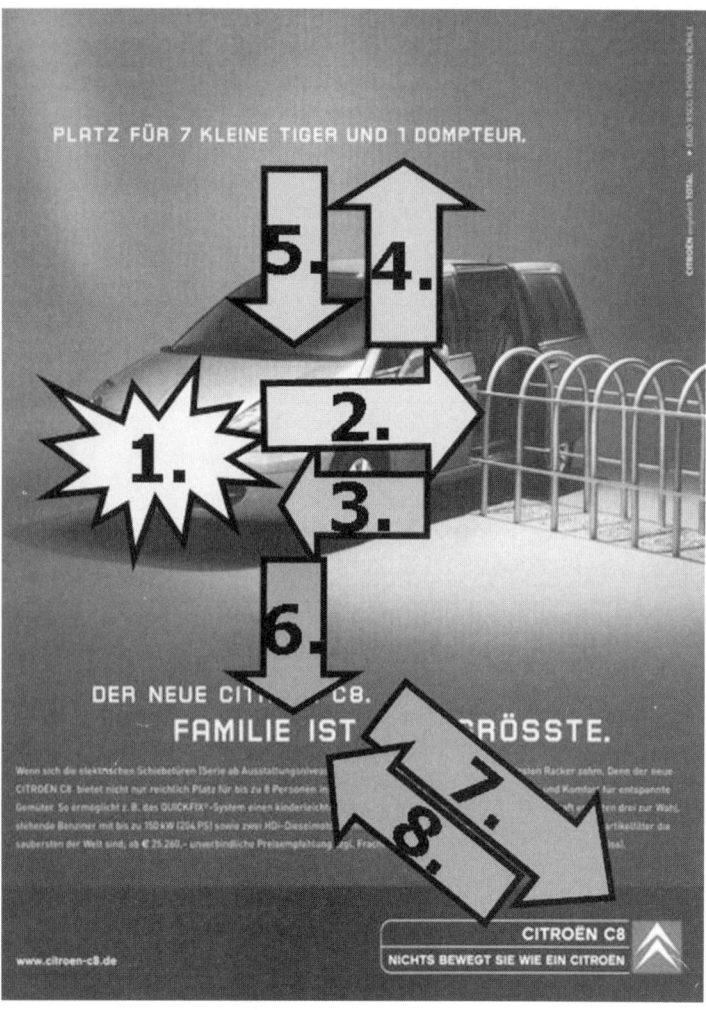

Abb. 28: Anzeigenwahrnehmung im Vergleich (Quelle: MediaAnalyzer Software & Research GmbH)

dern die schnelle Aufnahme der Botschaft und damit auch deren Verankerung im Gedächtnis des Betrachters.

Die Headline

In den meisten Headlines steht zu oft das Wörtchen „wir". Verschwenden Sie diese wichtige Überschrift nicht, indem Sie von sich erzählen. Sprechen Sie lieber den Kunden an:
- Bilden Sie Sätze mit Aufforderungscharakter!
- Kommunizieren Sie den Kundennutzen!
- Sprechen Sie den Kunden direkt an!
- Stellen Sie Fragen, die man nur bejahen kann!
- Verwenden Sie Adjektive!

Gestalten Sie Ihre Headline außerdem groß und lesbar. Sie muss beim Blättern der Zeitschrift sofort ins Auge springen. Und verwenden Sie um Himmels willen keine schwer lesbaren Schriften.

Das Bild

Ein Bild sagt mehr als Tausend Worte. Mag sein. Aber was nützen Tausend Worte, die niemand erreichen? Tatsache ist, die wenigsten Werbebilder werden überhaupt gesehen. Dabei gibt es aus der Wahrnehmungspsychologie genügend Erkenntnisse darüber, welche Bilder die menschliche Aufmerksamkeit besonders fesseln können. Hier sind die Tipps für Bilder, die beim Betrachter ankommen.
- **Verwenden Sie emotionale Bilder!** Hier eine kleine Hitliste: Augenpaare, Babys, Gesichter, Kinder, Frauen, Männer, Tiere, exotische Szenen, wie Urlaubsbilder, Traumstrände, Sonnenuntergänge.
- **Verwenden Sie eindeutige Bilder!** Bilder, in denen die wichtigste Information nicht sofort wahrgenommen werden kann, Bilder, die aus zu vielen Details bestehen oder unruhige Hintergründe haben, werden beim schnellen Blättern nicht wahrgenommen. Denken Sie daran, dass die durchschnittliche Betrachtungsdauer einer Anzeige gerade mal 0,2 Sekunden beträgt. In dieser Zeit findet niemand heraus, dass Sie die Garage geliefert haben, vor der der rote Sportwagen steht, neben dem sich das junge gut aussehende Pärchen gerade küsst.

- **Verwenden Sie ungewöhnliche Bilder!** Verwenden Sie andere Bilder als die Wettbewerber. Wenn Ihre Wettbewerber mit Babybildern werben, ist es dringend angeraten, Gesetz Nr. 3 anzuwenden. Denn Gesetz Nummer 3 lautet: Sei anders als die anderen. Genau aus dem Grund ist die Kuh aus der Schokoladenwerbung lila statt braun, werben rosa Elefanten für Bahntickets oder rote Frösche für Schuhcreme.
- **Verwenden Sie authentische Bilder!** Wenn Sie Bilder von Personen verwenden möchten, engagieren Sie keine Fotomodelle. Bringen Sie sich und Ihre Mitarbeiter selbst ins Bild. Denn entgegen der landläufigen Meinung müssen Menschen in Werbeanzeigen nicht perfekt sein, sondern Vertrauen erweckend und sympathisch. Und wer kann seinen Kopf besser hinhalten, als Sie und Ihre Mitarbeiterinnen und Mitarbeiter?

Das große Möbelhaus IKEA hat wahrlich Geld genug, um die teuersten Fotomodelle zu engagieren. Aber in seinem Katalog, der allein in Deutschland in einer Auflage von 27 Millionen Exemplaren erscheint, sind die Modelle ausschließlich Mitarbeiter des Unternehmens, ihre Lebenspartner und ihre Kinder.

Abbildung 29: In dieser Anzeige stimmt einfach alles. Ein sympathisches Babybild, das mit wenigen Strichen bearbeitet wurde und so die Botschaft der Anzeige ganz hervorragend transportiert.

Wenn Sie keine Bilder verwenden möchten

In solchen Fällen wird Ihre Headline zum alles beherrschenden Blickfang. Auch Anzeigen, die nur aus Text bestehen, können extrem erfolgreich sein. Sie zeichnen sich durch große Headlines, ungewöhnliche – aber dennoch lesbare – Schriften aus und stechen schon allein deshalb aus der Menge hervor, weil sie in einer Welt voller Bilder anders sind. Sie folgen dem Prinzip des rosa Elefanten.

Bildquelle CD-ROM

Es gibt Hunderte von CD-ROMs, die randvoll mit Bildern für Ihre Werbung bestückt sind. Anbieter wie das amerikanische Unternehmen PhotoDisc, übertragen Ihnen beim Erwerb einer Photo-CD-

Die Zeit vergeht schneller, als man denkt.

Deshalb sollten Sie am besten schon heute an morgen denken.
Wir entwickeln gemeinsam mit Ihnen Vorsorgestrategien, die so
individuell sind wie Ihre Wünsche und Pläne. Denn wir verstehen
uns als Partner in jeder Lebensphase. Persönlich, fair und ver-
lässlich. Sprechen Sie mit Ihrem persönlichen Gothaer-Berater.

Sie erreichen uns telefonisch unter: (01801) 308-310 (Deutsche Telekom AG, 12 Cent/Min.)
Oder besuchen Sie uns im Internet: www.gothaer.de.

Versicherungsschutz. Vermögensberatung. Vorsorgestrategien.

Gothaer
Wir machen das.

Abb. 29: Anzeige Gothaer

ROM auch das Recht, diese Bilder für Ihre Werbung zu nutzen. Solche Bild-CD-ROMs sind nach Motiven und Themen gegliedert und eignen sich hervorragend für Symbole, Hintergründe oder Stimmungsaufnahmen.

Setzen Sie keine Personenbilder aus Bild-CD-ROMs für Ihre Werbung ein. Die durchweg gut aussehenden, sonnengebräunten männlichen und weiblichen Modelle sind nichts sagend, glatt und vielleicht auch in der Werbung Ihres Wettbewerbers zu finden. Damit wird auch Ihre Werbung austauschbar.

Ihr Logo in der Anzeige

Achten Sie darauf, Ihr Logo genügend groß zu platzieren. Es muss zusammen mit Headline und Bild sofort wahrgenommen werden. Platzieren Sie Ihr Logo nicht ins Bild – geben Sie ihm stattdessen einen ruhigen Hintergrund und genügend Raum um zu wirken. Logos werden stärker wahrgenommen, wenn sie auf weißem Hintergrund stehen und nicht durch andere Elemente überlagert werden. Lassen Sie nicht zu, dass an Ihrem Logo herumgespielt wird: wechselnde Farben, Zufügung anderer Elemente, verschiedene Methoden der Anordnung – alles tabu. Wenn Sie an dieser Stelle die Neigung zur Veränderung spüren, gehen Sie lieber eine Runde spazieren, bis Sie sich wieder beruhigt haben. Wenn Ihr Werbegrafiker mit Änderungsvorschlägen kommt, lenken Sie seine Kreativität sofort in andere Bahnen. Lassen Sie Ihr Firmenzeichen in Ruhe.

Nicht vergessen: Das A.R.A-Prinzip

Schalten Sie keine Anzeigen, ohne dem Leser die Möglichkeit einer Reaktion darauf anzubieten. Denken Sie an das A.R.A-Prinzip: Ihre Aktion führt zur Reaktion des Kunden – was Sie zur nächsten Aktion veranlasst.

Wie sollen die Leserinnen und Leser Ihrer Anzeige reagieren? Sagen Sie es ihnen. Nicht durch die Blume, sondern klar und direkt. Achten Sie darauf, Ihre Anzeigentexte immer mit einer Handlungsaufforderung abzuschließen. Etwa so:

- Sichern Sie sich Ihren Preisvorteil, sofort!
- Melden Sie sich noch heute an!
- Rufen Sie uns an!
- Bestellen Sie jetzt!
- Coupon ausschneiden und noch heute einsenden!

Anzeigenformate und Platzierungen

Anzeigengestaltung

Wichtiger als die Größe einer Anzeige, ist ihre Gestaltung und die Häufigkeit ihres Erscheinens. Wählen Sie also das Format Ihrer Anzeige unter Beachtung dieser Kriterien. Wie Sie dem Überblick über die gängigen Anzeigenformate entnehmen können, haben sie eines gemeinsam: sie sind alle rechteckig. Was nicht heißt, dass Ihre Anzeige nicht rund, elliptisch oder achteckig sein darf. Schließlich dürfen Sie mit Ihrem rechteckigen Anzeigenraum machen, was Sie wollen und darin jede beliebige Form platzieren. Oder lassen Sie die „nicht gestalteten" Flächen Ihres Anzeigenraumes einfach weiß. Das verschafft Ihnen Abstand zur Nachbaranzeige und Ihre eigene Werbung tritt besser hervor.

Abbildung 30: In Zeitungen und Zeitschriften stehen eine Vielzahl von möglichen Anzeigenformaten zur Verfügung. Nicht jede Publikation bietet allerdings so viele Formatvarianten wie unsere Übersicht.

Abbildung 31: Ihre Tageszeitung bietet auch Sonderformate an, die Sie auf ganz bestimmten Seiten platzieren können. Hier die Beispiele der regionalen Tageszeitung Südkurier aus Konstanz.

Die große Ausnahme: Aufmerksamkeit mit dem Big Bang

Es widerspricht allen Regeln, die wir bisher besprochen haben. Aber gerade für das kleine Unternehmen kann ein einmaliger starker Auftritt das Mittel der Wahl sein. Wer auf den „Big Bang-Effekt" spekuliert, setzt zugegebenermaßen alles auf eine Karte. Anstatt mehrerer kleiner Anzeigen schalten Sie nur einmal und nur eine ein-

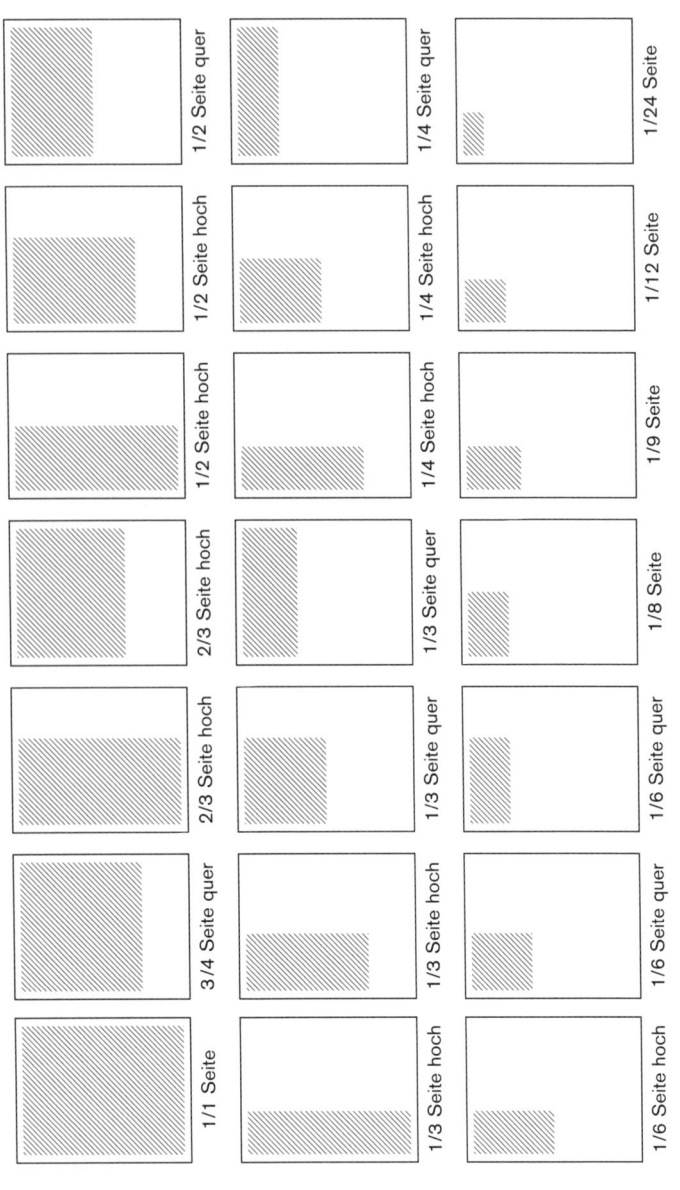

Abb. 30: Anzeigenformate

Fernsehecke/-Modul:

Platzierung Fernsehecke:
Fernsehseite, linke obere Ecke
Platzierung Fernsehmodul:
Fernsehseite am Fuß

Börsenfenster:

Platzierung:
Börsenseite am Kopf

Inselanzeige:

Platzierung:
Mitte einer Textseite

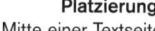

Griffecke:

Platzierung:
Titelseite,
rechte untere Ecke

Titelkopfanzeige:

Platzierung:
1. Lokalseite falls möglich
ansonsten Kreisseite

Abb. 31: Anzeigen Sonderformate (Quelle: Südkurier)

173

zige Anzeige. Etwa eine ganzseitige Anzeige in Ihrer Tageszeitung. Eine doppelseitige Anzeige in einer Fachzeitschrift. Durch die Wahl eines Anzeigenformates, das Sie sich bei vernünftiger Betrachtung gar nicht leisten können, gelingt es Ihnen, Ihr Unternehmen weitaus größer und bedeutender darzustellen, als es seiner derzeitigen wirtschaftlichen Lage entspricht. Wozu sollten Sie das tun? Etwa bei der Gründung oder Umfirmierung Ihres Geschäfts, bei der Einführung eines neuen Produkts oder der Vorstellung einer neuen Niederlassung.

Für einen westfälischen Möbelhersteller sollten wir Hunderte von Möbelhändlern zur Möbelmesse einladen. Möglichst originell und unvergesslich. Nachdem wir die Möglichkeiten verschiedener aufwändiger Mailings durchgegangen waren, entwickelten wir folgende Lösung: Eine ganzseitige Anzeige in einer großen nationalen Sonntagszeitung, in der alle Eingeladenen namentlich erwähnt wurden. Wir versandten die Zeitung mit einer Banderole versehen – Bitte Seite xx beachten – an die so umworbenen Facheinkäufer und sparten uns die üblichen Einladungskarten.

„Wer so aufwändig einlädt, muss Besonderes zu zeigen haben", dachten die Fachhändler und kamen in Scharen, um die Messeneuheiten unseres Kunden zu erleben. Der Stand war während der ganzen Messetage rappelvoll.

Die richtige Platzierung Ihrer Anzeige

Für den Erfolg Ihrer Anzeige ist die Platzierung der Anzeige ein wichtiges Kriterium. Bei Tageszeitungen können Sie die Platzierung auf bestimmten Seiten verlangen. Zu den meistgelesenen Seiten einer Tageszeitung gehören beispielsweise der Lokalteil, die Veranstaltungshinweise und die Todesanzeigen. Haben Sie also keine Scheu, sich auf einer Seite mit Traueranzeigen zu platzieren, wenn Sie eine hohe Leserschaft unter älteren Menschen erreichen wollen. Alle Produkte, die sich an Senioren wenden, sind hier richtig platziert. Jüngere Zeitungsleser erreichen Sie eher im Umfeld von Veranstaltungshinweisen, Sport- oder Vereinsnachrichten.

Bei Fachzeitschriften ist eine Platzierung auf bestimmten Seiten meistens nicht möglich. Achten Sie darauf, dass Sie im redaktionellen Teil platziert werden und nicht auf Anzeigenseiten, die oftmals zusammengefasst am Heftende erscheinen. Fachzeitschriften werden wegen ihres redaktionellen Inhalts gekauft und neben einem interessanten Fachartikel findet Ihre Anzeige die meiste Beachtung. Den oft mehrseitigen Werbeteil in Fachzeitschriften bezeichnen Werbeleute zu Recht als Anzeigenfriedhöfe. Hier ruhen Ihre Informationen sanft und ohne je gelesen zu werden.

> **Profitipp:** Platzieren Sie Ihre Anzeige immer auf einer rechten Seite rechts oben. Die Werbeforschung hat herausgefunden, dass Anzeigen an dieser Stelle die meiste Beachtung finden.

Sonderthemen und Gemeinschaftsanzeigen

Verlage fassen Anzeigen oft unter einem bestimmten Thema auf einer Seite zusammen, z. B.:
- Freizeittipps aus der Region
- Urlaubsziele
- Rund ums Auto
- Weiterbildung in der Region
- Unternehmen, die ausbilden

Meistens gibt es neben den Anzeigen auch redaktionelle Texte, die die Leser auf das Thema einstimmen. Das Miteinander von redaktionellen Berichten und Werbeanzeigen führt eindeutig zu einer höheren Beachtung durch den Leser. In einem solchen Umfeld ist Ihre Werbung hervorragend platziert.

Übrigens können Sie die erste Gemeinschaftsanzeige, in der Ihre Werbung erscheint, selbst initiieren. Es ist der Tag Ihrer Geschäftseröffnung! Teilen Sie der Presse rechtzeitig mit, wann Ihre offizielle Eröffnung ins Haus steht. Die Anzeigenvertreter werden Ihre Lieferanten oder Berater anschreiben und Ihnen anbieten, eine Anzeige zu diesem Thema zu schalten. Alle Anzeigen werden zu einem Sonderinserat zusammengefasst und Zeitungen spendieren Ihnen zu diesem Anlass ein besonderes Bonbon: Wenn das Volumen der gesamten Anzeigen eine halbe Seite ergibt, wird diese durch eine halbe Seite redaktionellen Bericht über Ihr Unternehmen ergänzt.

Tun Sie sich mit anderen Unternehmen zu Gemeinschaftsanzeigen – etwa zu einem gemeinsamen Thema – zusammen. Sie erzielen so mehr Beachtung und ein höheres Einkaufsvolumen in der Anzeigenabteilung.

> Lassen Sie sich nicht zu Anzeigen überreden, in denen lediglich Neujahrs- oder Weihnachtgrüße übermittelt werden. Glückwunschanzeigen bieten keinen Kundennutzen, keine Aktivierung und damit keinerlei Verkaufseffekt.

Stellenanzeigen als Imageträger

Machen Sie sich von der falschen Vorstellung frei, dass Stellenanzeigen nur dem Zweck dienen, einen offenen Arbeitsplatz in Ihrem Unternehmen zu besetzen.

Stellenanzeigen werden schließlich öffentlich publiziert – und gerade bei der Platzierung in Fachzeitschriften, Lokalzeitungen oder auch im Internet werden sie von Ihren Kunden und potentiellen Kunden ebenso wahrgenommen wie von Ihren Mitbewerbern.

Machen Sie eine Stellenanzeige also zu einem festen Baustein Ihrer Werbestrategie. Sie muss, wie jede andere Anzeige Ihres Unternehmens auch, Ihrer Werbelinie entsprechen.

Stellenanzeigen müssen neben der Beschreibung der zu besetzenden Stelle, den Anforderungen an den Bewerber, den Leistungen des Unternehmens und der Aufforderung zur Bewerbung mindestens enthalten:

• Ihr Logo,
• Ihren Slogan,
• einen Text über das Unternehmen, der über Branche, Standort, Größe und spezielle Stärken Ihrer Firma Auskunft gibt.

Verfassen Sie diesen Text so, dass er auch einen potentiellen Kunden Ihrer Produkte anspricht. Sie verschenken eine Chance, Ihr Unternehmen werbewirksam darzustellen, wenn Sie beispielsweise bei der Besetzung einer EDV-Stelle nur über die EDV-Abteilung sprechen, das Gesamtunternehmen und seine spezifischen Stärken außen vor lassen. Machen Sie also eine Stellenanzeige bewusst zur Werbeanzeige für Ihr Unternehmen.

Es ist wirklich nicht nötig, Umsatz- oder Ergebniszahlen, Vertriebsstrategien oder Expansionspläne zu veröffentlichen, um eine Stelle zu besetzen. Bewerber kennen Ihr Unternehmen meist zu wenig, um diese Angaben richtig einordnen zu können. Trotzdem kommt es häufig vor. Für solche Zahlen interessieren sich nur Ihre Wettbewerber. Geben Sie Ihr Geld nicht aus, um die Konkurrenz zu informieren.

Beilagen: die Alternative zu Anzeigen

Prüfen Sie, ob Sie statt der Anzeigenschaltung lieber eine Zeitungs- oder Zeitschriftenbeilage für Ihre Werbung wählen. Denn Beilagen wirken weitaus besser, als Sie vielleicht meinen. Untersuchungen haben ergeben, dass Beilagen intensiver wahrgenommen werden als Anzeigenwerbung. Beilagen bieten außerdem ein besonders gutes Preis-Leistungs-Verhältnis:

• mehr Platz für Ihre Werbebotschaften,
• höherwertigere Druckqualität als in Tageszeitungen,
• Chancen zur Mehrfachnutzung von Prospekten.

Beilagen in Tageszeitungen

Sie werden nicht nach Umfang oder Größe der Beilage berechnet, sondern nach ihrem Gewicht. So gibt es verschiedene Gewichtsklassen, die den Beilagenpreis bestimmen. Am günstigsten sind Beilagen unter 20 g. Allerdings werden Aufträge für Beilagen oft nur mit einer Mindeststückzahl angenommen. In vielen Fällen beginnt diese Mindestauflage bei 1.000 Stück.

Viele Tageszeitungen sind donnerstags besonders dick. Neben den Angeboten der Einzelhandelsketten, sind die großen Möbelhäuser, Elektro- und Baumärkte mit ihrer Werbung vertreten. Streichen Sie den Donnerstag aus Ihrem Werbeplan. Suchen Sie sich einen Tag, in der Ihre Tageszeitung weniger stark mit Beilagen bestückt ist. Fragen Sie dazu nach den Erfahrungswerten in der Anzeigenabteilung des gewünschten Mediums nach.

Beilagen in Fachzeitschriften

Eine vierseitige Werbebeilage in einer Fachzeitschrift bekommen Sie zum Bruchteil der Kosten einer vierseitigen Anzeigenstrecke. Bei vielen Zeitschriften betragen die Kosten für eine Beilage etwa die Hälfte einer vierfarbigen Anzeige. Schalten Sie also anstatt einer ganzseitigen, vierfarbigen Anzeige lieber Beilagenwerbung – Sie sparen Geld und gewinnen mehr Platz für Ihre Werbung.

> Wählen Sie Beilagen nicht aus extra starkem Papier. Zum einen schlägt das mit einem höheren Gewicht und damit erhöhten Kosten zu Buche. Zum anderen sind extra-starke Beilagen immer ein Hemmnis beim Lesen der Zeitschrift, weil sie das Blättern erschweren. Die unangenehme Folge: Störende Beilagen fliegen unbesehen in den Papierkorb. Wählen Sie deshalb eine Papierstärke, die dem der als Werbemedium belegten Zeitschrift entspricht.

Woher bekommen Sie Beilagen?

Sie verlieren alle Einspareffekte, wenn Sie Zeitungsbeilagen extra für diesen Werbeeinsatz produzieren. Überlegen Sie daher, über welche Werbemittel Sie bereits verfügen und ob sich diese als Beilage eignen. Dies können zum Beispiel Ihre Flyer, Wurfzettel oder Prospekte sein. Eine Beilage kann aus einer Postkarte ebenso bestehen, wie aus einem zusammengefalteten Plakat. Vielleicht haben Sie auch eine Idee für eine besonders originelle Beilage?

> Anstatt im örtlichen Anzeigenblatt – wie üblich – Anzeigenwerbung zu schalten, kam eine Bäckerei auf die Idee, lieber bedruckte Brottüten beizulegen. Aufgedruckt war ein Angebot, diese Tüten zum Sonderpreis zu füllen. Mit dieser Beilagen-Aktion zum Wochenende, wurde der Sonntagsumsatz der Bäckerei um 20 % gesteigert.

Beilage von Lieferanten oder Verbänden

Fragen Sie bei diesen Geschäftspartnern nach, ob es vorbereitetes Werbematerial für Ihre Zwecke gibt. Handelt es sich um Werbematerial, das zwar vielen Werbepartnern zur Verfügung gestellt wird, aber genügend „freie Stellen" enthält, um es individuell an Ihre Bedürfnisse anpassen zu können? Manchmal bietet Ihnen dieses vorgefertigte Material nur die Möglichkeit eines Adresseindrucks, manchmal können Sie auch die Titelseite frei gestalten.

Unser Extratipp: Sie haben einen Hauptlieferanten? Fragen Sie ihn, ob Sie für Ihre Werbeaktion einen Werbekostenzuschuss erhalten. Schließlich werben Sie auch für seine Produkte und eventuell mit seinem Logo. In vielen Branchen sind solche Werbekostenzuschüsse gang und gäbe und werden daher kurz und liebevoll als „WKZ" bezeichnet.

Wie man Anzeigen richtig bucht

Wenn Sie mehrere Anzeigen schalten wollen, buchen Sie diese nie einzeln, sondern im Paket. Verlage bieten dafür Rabatte an. Bei der Malstaffel erhalten Sie Rabatt auf die Häufigkeit der geschalteten Anzeige. Bei der Mengenstaffel werden die Formate der von Ihnen geschalteten Anzeigen addiert und Sie erhalten einen Rabatt auf die Gesamtmenge. Sehen Sie zu diesem Zweck in den so genannten Media-Unterlagen nach. Sie können diese häufig online einsehen oder sich vom Verlag zusenden lassen. Für kleine Budgets ist in der Regel die Malstaffel der Rabatt der Wahl. Schalten Sie lieber häufiger und dafür kleinere Anzeigen und nehmen den Bonus für die Häufigkeit des Erscheinens in Anspruch. Festgehalten wird diese Vereinbarung mit dem Verlag bei einem so genannten Jahresabschluss, bei dem Sie sich für die Dauer eines Jahres für eine bestimmte Abnahmemenge entschließen. Rechnen Sie vorher aus, welche Rabattform für Sie günstiger ist. Ein Wechsel von der Mal- zur Mengenstaffel ist während des Jahres nicht mehr möglich.

Erfolgskontrolle

Na und? Ist etwas passiert? Kontrollieren Sie jede Werbeaktion im Hinblick auf ihren Erfolg. Spätestens 14 Tage nach Erscheinen Ihrer Anzeige in einer Tages- oder Wochenzeitung können Sie Ihre Auswertung vornehmen. In den zumeist monatlich erscheinenden Fachzeitschriften halten die möglichen Reaktionen auf Ihre Werbung noch monatelang an. Ziehen Sie für diese Medien am Jahresende Bilanz. Damit das Erfolgsgefühl nicht ein subjektiver Eindruck bleibt, müssen Sie Erfolge quantifizieren. Registrieren Sie also folgende Kennzahlen:

- den Umsatz nach Schaltung der ersten Anzeige, nach Schaltung der zweiten Anzeige usw.,
- den Rücklauf von Coupons, Fax-Anmeldungen,
- die Zahl der eingegangenen Anrufe,
- die Zahl der Bestellungen.

Wichtig ist, dass Sie diese wichtigen Kennzahlen ständig erheben, sowohl vor als auch nach der Werbemaßnahme. Nur dann können Sie Auswirkungen Ihrer Werbung objektiv messbar erkennen. Wenn Sie nach der Durchführung Ihrer Werbung keine positive Veränderung dieser Kennzahlen feststellen, war diese erfolglos und Sie müssen über die Ursachen nachdenken:

- Stimmt das Angebot?
- Habe ich die richtige Zielgruppe gewählt?
- Ist das Werbemedium wirklich das Richtige?
- Habe ich den richtigen Erscheinungstermin gewählt?
- War die Anzeige optimal gestaltet?

Ändern Sie Ihre Strategie! Nicht nach der ersten Werbeanzeige. Werbung braucht Zeit zu wirken. Aber spätestens nach der vierten.

Profitipp: Wenn Sie Anzeigen in mehreren Medien und zu verschiedenen Terminen schalten, gewöhnen Sie sich an, Ihre Anzeigen mit einem kleinen Kürzel oder Code zu versehen, den Sie am Rand der Anzeigen „hochkant" anbringen können. Der Code sollte das Werbemedium und den Erscheinungstermin enthalten. So erleichtern Sie sich die Erfolgskontrolle.

Low Budget Tipps für Ihre Anzeigenwerbung

- **Anzeigenrahmen:** Verwenden Sie einen festgelegten Anzeigenrahmen. Lassen Sie Aktualisierungen an Ihrer Anzeige nicht durch einen Grafiker, sondern durch den Verlag vornehmen. Ein Service, der in der Regel kostenlos ist.

- **Small is beautiful:** Entscheiden Sie sich im Zweifel immer für die kleinstmögliche Anzeige. Und wiederholen Sie diese. So wird der Werbeeffekt größer.

- **Verzichten Sie auf Farbe:** Lassen Sie Ihre Anzeigen schwarz-weiß oder einfarbig gestalten. Die Auffälligkeit ist groß genug. Selbst in einem Umfeld, in dem alles bunt ist, heben Sie sich durch schwarz-weiße oder monochrome, d. h. einfarbige Gestaltung hervorragend ab.

- **Nutzen Sie den Jahresabschluss:** Planen Sie Ihr Budget und prüfen Sie, ob Sie durch einen Jahresabschluss und die darin zu vereinbarenden Rabattstaffeln bereits Geld sparen.

- **Fragen Sie nach PR-Anzeigen:** Zu bestimmten Anlässen (Eröffnung, Jubiläum, Sonderthema), bieten Verlage auch PR-Anzeigen an. Gegen Buchung einer Anzeige erhalten Sie zusätzlich einen kostenlosen Bericht über Ihr Unternehmen. Oder der Verlag übernimmt gleich die Gestaltung Ihrer Anzeige im Nachrichtenstil.

- **Verhandeln Sie:** Preise sind inzwischen auch Verhandlungssache. Es lohnt sich, den Anzeigenverkäufer Ihres Werbemediums kennen zu lernen und mit ihm persönlich über Preise zu verhandeln.

9. Bühne frei für Ihre Messe

- Sich messen, eine Kostenfrage
- Checkliste der üblichen Messekosten
- Einzel- oder Gemeinschaftsstand?
- Wie man Besucher auf den Stand bekommt
- Presse auf der Messe
- Wie man mit Messebesuchern richtig spielt
- Typen von Messeständen
- Das ideale Messegeschenk
- Fünf Tricks, Exponate in Szene zu setzen
- Wann mache ich was?
- Leicht und wieder verwendbar: Mobile Messeelemente
- Follow up, die Kunst der Messenachbereitung
- Mini-Messen und andere Präsentationsmöglichkeiten
- Low Budget Tipps für Ihre Messe

Sich messen, eine Kostenfrage

Die Entscheidung an einer Messe teilzunehmen, ist gleichzeitig eine Entscheidung eine Menge Geld auszugeben. Denn auch wenn Sie die meisten meiner Tipps beherzigen und dabei eine Menge Geld sparen können, müssen Sie dennoch mit einigen Kostenfaktoren rechnen, die Sie nicht eliminieren können.

- **Zeit ist Geld:** Jede Messe bindet Ihre Arbeitskraft und die Ihres Personals. Je nach Messedauer sind Sie für mehrere Tage nicht im Betrieb und das kann einen herben Verdienstausfall bedeuten. Kalkulieren Sie also einen Verdienstausfall in die Messekosten mit ein.
- **Transporte gehen ins Geld:** Wie weit ist Ihre Messe entfernt, wie groß, wie schwer sind Ihre Exponate? Müssen Sie eine Spedition beauftragen? Wie viel Werbematerial haben Sie im Gepäck? All diese Faktoren bestimmen, was es Sie kostet, den Messeort überhaupt zu erreichen. Und ihn mit Ihren mitgebrachten Ausstellungsstücken oder Werbemitteln wieder zu verlassen.

- **Auch Herumstehen kostet:** Nicht zu vergessen die Kosten, die am Standort selbst anfallen. Einen Teil davon haben Sie schon fix kalkuliert: die Standmiete und eventuelle Aufbaukosten. Hotel und Spesen für Sie und Ihr Messeteam. Hinzu kommen variable Kosten: etwa Strom, Wasserverbrauch, Kommunikationskosten für Fax, Telefon oder Internetanbindung.

Checkliste der üblichen Messekosten

Bevor Sie sich zur Teilnahme an einer Messe entscheiden, kalkulieren Sie alle Kosten, die mit Ihrer Messeteilnahme verbunden sind. Mit diesen müssen Sie rechnen:

- Grundkosten
  - Standmiete
  - Energiekosten
  - Anmeldegebühren
- Transportkosten
  - Spedition
  - Verpackung
  - Versicherung
- Standbau und Gestaltung
  - Konzeptkosten
  - Auf- und Abbau
  - Grafische Ausstattung
  - Miete Standeinrichtung
- Standservice und Werbekosten
  - Ausstellerausweise

- Parkgebühren
- Messe-Einladungen
- Freikarten
- Bewirtung
- Besuchergeschenke
- Werbemittel
- Drucksachen
- Katalogeintrag
- Telefon-, Fax-, Internetkosten

- Personal- und Reisekosten
  - Fahrtkosten
  - Standbesetzung
  - Hotelkosten
  - Verpflegung
  - Verdienstausfall

Einzel- oder Gemeinschaftsstand?

Wenn Sie die Budgetbelastung reduzieren wollen, gehen Sie gemeinsam mit anderen auf eine Messe. Ein Start-up-Unternehmen, das ich betreuen durfte, war schon im Gründungsjahr auf mehreren wichtigen internationalen Messen vertreten, darunter der CEBIT, der Photokina und der Internationalen Tourismusbörse in Berlin.

Für die Teilnahme an der CEBIT zahlten sie etwa 1.000 Euro, die Teilnahme an den beiden anderen Messen war umsonst. Wie war dies möglich? In allen drei Fällen wurden sie von ihren wichtigsten Lieferanten zur Messeteilnahme eingeladen, weil diese ihren eigenen Stand mit den innovativen Anwendungslösungen des Jungunternehmens bereichern wollten.

Also wenn Sie Anwendungslösungen für Soft- und Hardware offerieren, Systempartner eines Herstellers oder ein wichtiger Abnehmer bei Ihrem Hauptlieferanten sind, lassen Sie sich Huckepack mitnehmen. Billiger kommen Sie auf keine Messe.

Kosten und Aufgabenteilung im Gemeinschaftsstand

Wichtige Aufgaben, die bei jeder Messe anfallen, können von der Gemeinschaft wahrgenommen werden, so etwa die Bewerbung des Standes nach außen hin, ein Großteil der Öffentlichkeitsarbeit, die Bewirtung am Stand und – wenn nötig – ein zentraler „Besucherempfang". Unter Umständen kann es sinnvoll sein, dafür kein Personal aus der eigenen Firma einzusetzen, sondern sich die Kosten für ein professionelles Catering oder Messehostessen zu teilen.

Wie Gemeinschaftsstände entstehen

Sie möchten eine bestimmte Messe besuchen und suchen nach Partnern für Ihren Gemeinschaftsstand? Das können Sie tun, um diese Partner zu finden: Fragen Sie bei der zuständigen IHK, wenden Sie sich an die Wirtschaftsförderer Ihres Landkreises oder Ihrer Kommune! Keine Reaktion? Wenden Sie sich an Ihren Berufsverband! Kennen Sie Geschäftspartner, die sich auf der gleichen Messe präsentieren möchten? Dann sprechen Sie sie an. Da Messeentscheidungen oft bis zu 8 Monate vor dem eigentlichen Beginn der Messe getroffen werden müssen, sollten Sie etwa ein Jahr vor der Messe mit der Suche nach Partnern für einen Gemeinschaftsstand beginnen.

Wie man Besucher auf den Stand bekommt

Morgens um 9 Uhr den Stand aufschließen und darauf warten, dass die Massen sich um Ihre Exponate drücken – so funktioniert die Teilnahme an einer Messe nicht. Um Besucher gezielt zu einem Besuch auf Ihren Messestand zu motivieren, müssen Sie weit im Vorfeld erste Schritte einleiten. Und das können Sie alles tun:

- **Einladung Ihrer Kunden, Lieferanten und anderer Geschäftspartner:** Beginnen Sie ein halbes Jahr vor Messebeginn damit, Ihre Messeteilnahme zu kommunizieren und nennen Sie dabei auch Messehalle und Standnummer. Nutzen Sie vorübergehend dazu alle Mittel, die Sie haben, z. B. durch einen Messehinweis in der Geschäftspost, etwa durch eine Fußzeile, die Sie in jede Korrespondenz einfügen.

- **Messehinweis in E-Mails:** Nehmen Sie einen Messehinweis in die Signatur Ihrer E-Mails auf. Sorgen Sie dafür, dass alle Mitarbeiter diese Signatur einheitlich verwenden.

- **Sticker für Ihre Briefhüllen und Briefbögen:** Lassen Sie selbstklebende Sticker drucken, die den Hinweis auf Ihre Messeteilnahme tragen. Ein Tipp: Manche Messegesellschaften bieten ihren Ausstellern solche Sticker kostenlos oder zu Sonderkonditionen an.

- **Messehinweis in der Fachpresse:** Bereiten Sie eine Fachpresseinformation vor, in der Sie auf Ihre Messeteilnahme verweisen. Aber Vorsicht: Die bloße Messeteilnahme ist noch keine Nachricht. Berichten Sie über etwaige Neuheiten, und schildern Sie die Inhalte und das Programm Ihrer Ausstellung so interessant wie möglich.

- **Messehinweis in der Lokalpresse:** Beziehen Sie neben den Tageszeitungen und Anzeigenblättern auch die IHK-Nachrichten mit ein. Diese Presseinformation erfolgt bei monatlich erscheinenden Titeln im Messemonat, in der Tagespresse wenige Tage vor Messebeginn.

- **Messekatalog:** Vergessen Sie nicht Ihren Katalogeintrag. Messekataloge werden von vielen Besuchern als Orientierungshilfe genutzt und als Nachschlagewerk bis zum nächsten Messebesuch aufgehoben. Wichtig ist, dass Sie unter den für Sie relevanten Stichwörtern im Katalog eingetragen sind.

- **Internet**: Hier können Sie Ihrer Messe mehr Platz einräumen. Platzieren Sie den Messehinweis wenige Wochen vor Messebeginn auf der Startseite. Schalten Sie Extraseiten zur Messe und versorgen Sie Ihre Besucher mit Detailinformationen über Ihr Ausstellungsprogramm.

- **Begleitprogramm:** Viele Messen haben ein fachliches Begleitprogramm, das Ihnen Gelegenheit gibt, mit Vorträgen auf sich aufmerksam zu machen. Sie halten diese Vorträge vor einem fachlich interessierten Publikum und haben eine große Chance, im Anschluss an einen gelungenen Vortrag Gespräche zu vertiefen.
- **Walking Acts:** Auf dem Stand stehen bleiben und warten, bis wer vorbeikommt? Eher nicht. Gehen Sie aktiv auf Messebesucher zu, nicht nur vor Ihrem Stand in Ihrer Halle, sondern auch an anderen Plätzen der Messe. Nehmen Sie sich am ersten Tag Zeit, die Besucherströme auf der Messe zu analysieren. Morgens... mittags... am Spätnachmittag. Versuchen Sie die am stärksten frequentierten Hallen oder Knotenpunkte herauszufinden und machen Sie dann mobile Werbung für sich. Als so genannter „Walking Act" können Sie auffallen durch unpassende Kleidung (Smoking auf der Sportmesse), markante Berufskleidung (Schornsteinfeger, Maler, Zimmermann) oder Verkleidung (Clown oder Comicfigur).

Abb. 32: Walking Act (Quelle: Zündstoff Werbeagentur)

Eine kanadische Firma schickt beispielsweise schwarz gekleidete junge Leute durch die Straßen Manhattans. Über ihren Köpfen schweben – wie Hüte – Flachbildschirme. Immer wieder bleiben Passanten stehen, wundern sich über die ungewöhnlichen Figuren. Aufmerksamkeit erzeugt das Spektakel für die Werbespots, die auf den Flachbildschirmen gezeigt werden. Die Technik, die sie am Rücken tragen: ein simpler DVD Player.

Presse auf der Messe

Messen sind eine hervorragende Gelegenheit, Kontakte zu Pressevertretern zu knüpfen. Da sind zum einen die Hintergrundgespräche, die Sie mit in- und ausländischen Fachjournalisten führen können und die sich mittel- und langfristig auswirken. Da ergibt sich die Gelegenheit völlig neue Zeitschriften kennen zu lernen und dank der Kontakte zu ihren Pressevertretern Zugang zu deren Leserschaft zu finden. Da gibt es aber auch jede Menge Chancen, direkt in der aktuellen Messeberichterstattung zu landen.

- **Pressezentrum:** Gibt es bei Ihrer Messe ein Pressezentrum? Dann gibt es dort sicher auch die Möglichkeit Presseinformationen zu hinterlegen. Bei großen Messen wie der Internationalen Möbelmesse in Köln, können Sie beispielsweise ein Pressefach mieten. Dort hinterlegen Sie Ihre Pressemeldungen im DIN-A4-Format.

- **Presserundgänge:** Für Pressevertreter gibt es häufig geführte Rundgänge auf der Messe. Sorgen Sie dafür, dass man bei Ihrem Stand Halt macht. Erfragen Sie frühzeitig bei der Messeleitung wer diese Führungen durchführt und wann sie stattfinden. Oft ist es der Pressechef des Veranstalters. Ihn müssen Sie überzeugen, dass es sich lohnt Ihrem Stand einen Besuch abzustatten.

- **Prominente:** Am Eröffnungstag sind geladene Gäste, darunter Politiker, Ehrengäste usw., ebenfalls auf geführten Rundgängen unterwegs – im Schlepptau jede Menge Fotografen. Haben Sie eine Comicfigur, die den Ministerpräsidenten in den Arm nehmen kann, haben Sie ein originelles Spiel, zu dem Sie einladen können? Oder gibt es auf Ihrem Stand einen fotogenen Blickfang? Dann können Sie, wenn Sie blitzschnell agieren, vielleicht das

Foto des Tages schießen. Dafür müssen Sie nicht der größte Aussteller sein, sondern nur das originellste Bild liefern.

Das nimmt leider auf vielen Messen überhand: Filmteams, die behaupten für irgendeinen Fernsehsender zu drehen. Oder Internetreporter, die gerne ein Interview mit dem Firmenchef hätten. Sobald Sie für deren Leistungen zahlen müssen, handelt es nicht um Pressevertreter, sondern um Geschäftemacher. Es soll nicht Wenige geben, die meinen für ein vermeintliches Schnäppchen von ein paar Hundert Euro ins Fernsehen zu kommen. Stattdessen erhalten sie nur ein mehr oder weniger wertloses Interview mit sich selbst, das sie bestenfalls der Familie zeigen können.

Wie man mit Messebesuchern richtig spielt

Früher waren Messen eine dröge Angelegenheit. Heute steht Animation im Vordergrund. Während bei reinen Fachmessen sich Information und Entertainment in etwa die Waage halten, können Sie auf einer Messe, die das breite Publikum anspricht ohne Showeinlagen wenig punkten. Auch für Messespiele gibt es ein paar Spielregeln, die beachtet werden müssen.

- **Halten Sie den Blamagefaktor klein:** Ein Besucher, der mit Wasser beschüttet wird? Ein Kandidat, der die Quizfragen nicht richtig beantwortet? So etwas mag bei „Verstehen Sie Spaß?" oder Günther Jauch ganz witzig sein – für den Kandidaten ist es das nicht. Die meisten Menschen haben Hemmungen vor Publikum aufzutreten. Sie haben noch größere Hemmungen, sich vor Publikum und eventuell anwesenden Freunden oder Geschäftspartnern zu blamieren. Halten Sie deshalb den möglichen Blamagefaktor ganz niedrig – und machen Sie das Spiel so einfach wie möglich.
- **Jedes Spiel ein Gewinnspiel:** Sorgen Sie dafür, dass es in jedem Spiel etwas zu gewinnen gibt. Und machen Sie niemand zu einem Verlierer, der eine gewisse Punktzahl nicht erreicht hat. Geben Sie jedem Mitspieler einen Trostpreis mit nach Hause. Auch wenn es nur ein Kugelschreiber ist. Manche gehen glücklich mit 20 verschiedenen Werbekulis nach dem Messebesuch nach Hause. Aber vielleicht fällt Ihnen außer Kugelschreibern noch etwas besseres ein?

- **Je kürzer, desto besser:** Erfolgreiche Messespiele sind kurz: so kurz, dass sie nach 30 oder maximal 60 Sekunden wieder vorbei sind. Und ein anderer Mitspieler an die Reihe kommt. Spiele, die eine längere Aufmerksamkeit und Anwesenheit der Besucher auf dem Stand erfordern, langweilen, werden abgebrochen oder gar nicht erst wahrgenommen.
- **Großes Spiel, kleine Regeln:** Wenn Sie es nicht schaffen, Ihre Regeln in zwei Sätzen zu erklären, vergessen Sie das Spiel. Oder orientieren Sie Ihr Spielprinzip an einem bekannten Spiel, so dass Sie sich wortreiche Erklärungen sparen können. Memory? Vier gewinnt? Puzzle? Kennt jeder. Aber Vorsicht: Verwenden Sie keine existierenden Spielenamen, weil Sie sonst möglicherweise Urheberrechte verletzen könnten.
- **Vorsicht vor elektronischen Spielen:** Wenn Sie vorwiegend Erwachsene ansprechen möchten, nehmen Sie von Video- oder Computerspielen lieber Abstand. Nach wie vor sind Kids zwischen 8 und 14 Jahren die begeistertsten Teilnehmer solcher Spiele. Womöglich wird Ihr Stand von Unmengen netter Kinder und Jugendlicher belagert, aber nicht von der Zielgruppe, die Sie erreichen möchten.
- **Total tabu:** Lassen Sie die Finger von Spielideen, die Sie fix und fertig irgendwo kaufen können. Sie sind wie Bilder aus Bildkatalogen – nicht auf Ihr Unternehmen, Ihre Produkte und Dienstleistungen abgestimmt und nur mühsam mit einer Werbeaussage zu verbinden. Noch schlimmer ist, dass es bei einem Spiel aus dem Standardkatalog womöglich auf ein und derselben Messe ein halbes Dutzend Rodeos, Glücksräder oder Torwandschießstände gibt.

Entwickeln Sie lieber eigene Ideen. Achten Sie darauf, dass sich die Spiele rund um Ihr Produkt oder Ihre Dienstleistung drehen.

Die Parallel-Messe im Internet

Lassen Sie alle, die nicht persönlich die Messe besuchen können, an dem Messegeschehen auf Ihrem Stand teilhaben. Zum Beispiel, indem Sie das Messegeschehen fotografieren und im Internet abbilden. Selbst für Messebesucher ist dies ein guter Service, wenn Sie

Ihre Messe im Internet dokumentieren, wieso nicht über die Dauer der Ausstellung hinaus? Verknüpfen Sie Ihre Exponate mit weiter gehenden Informationen über ihre Eigenschaften, Anwendungsmöglichkeiten etc.

Installieren Sie Live Cams auf der Messe, wenn Sie möchten, mit Fernbedienung über das Internet. Schreiben Sie jeden Tag einen kleinen Messereport, halten Sie wichtige Besucher im Bild fest.

Für einen großen süddeutschen Küchenmöbelhersteller entwickelte meine Agentur eine Kampagne, die den Messeauftritt mit einem aufmerksamkeitsstarken Internet-Event verknüpfte. Ausgangspunkt war die Frage des Firmeninhabers, ob wir nicht dafür sorgen könnten, dass er seine Exponate nicht mehr einpacken, sondern womöglich noch zum Ende der Messe auf dem Messestand verkaufen könnte. Einfach nur verkaufen? Ohne Werbung? Ohne maximale Aufmerksamkeit für den Messeauftritt und die wunderbaren Neuheiten? Wir machten den Vorschlag, drei ausgewählte Produkte, die wir in Szene setzen wollten, über das Internet zu versteigern. So hatte man im Internet die Chance, diese Neuheiten genau unter die Lupe zu nehmen. Neben ausführlichen Produktbeschreibungen konnte man über eine steuerbare Webcam die Objekte heranzoomen und mit etwas Glück, ab 1,00 DM eine Messeküche ersteigern. Noch mehr Aufmerksamkeit bekamen wir so: Wir schlugen vor, die Erlöse aus der Versteigerung für einen guten Zweck zu spenden und gewannen die Aktion Sorgenkind und Focus Online als Partner für die Aktion.

Typen von Messeständen

Diese drei Typen von Messeständen gibt es – sie alle haben spezifische Vor- und Nachteile, (s. S. 192)

Die No. 1 zum Verkaufen: der Reihenstand

Diese Variante ist bei vielen Messen die billigste. Der Reihenstand ist in seinen Grundmaßen beispielsweise 4 × 6 m groß und hat eine offene Seite, die sich dem Gang zuwendet. Das ist der ideale Stand, wenn Sie Waren über eine Theke verkaufen wollen. So haben Sie Ihre Produkte und Lagermöglichkeiten im Rücken und können über die Theke hinweg demonstrieren, präsentieren, die Produkte

Reihenstand

Kopfstand

Eckstand

Abb. 33: Verschiedene Standtypen (Quelle: Meplan GmbH)

überreichen und Zahlungstransaktionen mit den Besuchern abwickeln. Da der Reihenstand drei Wandflächen hat, bietet er auch jede Menge Platz, um Werbeangebote oder Waren zu präsentieren. Nachteil: Für größere Besuchermengen ist er nicht geeignet. Sollten Sie sich entschließen, Besucher in den Reihenstand hinein zu bitten, werden Sie schnell seine räumliche Enge bemerken. Ein weiterer Nachteil ist die Zugangsmöglichkeit nur von einer Seite und die Tatsache, dass Besucher den Kopf wenden müssen, um Ihren Messestand wahrzunehmen.

Die No. 1 zum Kommunizieren: der Kopfstand

Nach drei Seiten offen ist der Kopfstand. Ideal als Zugangsmöglichkeit und noch dazu am Schnittpunkt mehrerer Gänge gelegen, bietet er die beste Möglichkeit, Besucher in den Stand zu ziehen. Exponate, Tische oder Stehtische werden frei im Raum platziert, die Rückwand nutzen Sie für Ihre Versorgungseinrichtungen, Werbeaussagen etc.

Die No. 1 für Kombinierer: der Eckstand

Ein nach zwei Seiten offener Stand am Schnittpunkt zweier Gänge – ein guter Kompromiss zwischen der Möglichkeit nach außen zu kommunizieren und der Chance, an zwei Stellwänden zu präsentieren.

Das ideale Messegeschenk

Richtig schenken ist eine Kunst. Das weiß jeder, der erwartungsvoll ein Weihnachtsgeschenk auspackte und darin ein paar Socken fand. Für Messegeschenke gilt Gott sei Dank: Umtausch ausgeschlossen. Aber ob es seinen eigentlichen Zweck erfüllt – nämlich auf der Messe und darüber hinaus Werbung für den Verteiler des Geschenks zu machen? Werbemittelkataloge halten Tausende von Artikeln bereit, die sie als Werbegeschenke anbieten und die prinzipiell auch für den Einsatz als Give-Away, also zum Weggeben auf Messen geeignet sind. Welche Kriterien soll ein gutes Messegeschenk erfüllen?

- **Originalität:** Ein Messegeschenk soll originell sein. Möglichst nicht das, was man an jedem Stand bekommt und man schon dutzendweise bei sich zu Hause herumliegen hat. Zumindest muss es so originell sein, dass die Beschenkten es überhaupt haben wollen.

- **Größe:** Ein Messegeschenk soll zumindest so groß sein, dass es nicht in der Aktentasche verschwinden kann. Denn nur dann tritt ein Effekt ein, der Ihren Messeerfolg weiter beflügelt. Die Beschenkten werden während des Messebesuches Ihre Werbeträger. Das kann eine große Papiertüte sein oder die bei Kindern beliebten Luftballons.

- **Praktischer Nutzen:** Das Messegeschenk soll nach der Messe verwendbar sein. Je länger es benutzt werden kann, desto länger wird es seinen Werbeeffekt für Sie entfalten. Es erinnert nicht nur den Beschenkten an Sie und Ihr Unternehmen, sondern auch andere, die es während seiner Nutzung zu Gesicht bekommen.

- **Zielgruppengerecht:** Luftballons, Plastikbälle oder Quietschentchen werden gerne mitgenommen, aber nur, um sie an Kinder oder Enkelkinder weiterzugeben. Sie entfalten ihre werbliche Wirkung also sicher nicht im Büro des Beschenkten, sondern eher im Sandkasten.

- **Vorzeigbar:** Besser als Geschenke, die in Taschen, Schubläden oder Schränken ihr Dasein fristen, sind Geschenke, die vorzeigbar sind: ein Zettelklotz auf dem Schreibtisch, ein Wandkalender oder ein T-Shirt.

- **Kommunikativer Nutzen:** Jedes Messegeschenk sendet eine Botschaft Ihres Unternehmens. Was soll uns das sagen, wenn ein Küchenmöbelhersteller plötzlich Kondome verteilt? Wir wollen unsere Marke verjüngen, sagt der Produktmanager. Wirklich?

Ein paar typische Werbegeschenke im Schnell-Check

- **Kugelschreiber:** Letzter Platz auf der Originalitätsskala, aber trotzdem ein gern genommenes und wirksames Werbemittel. Ein Geschenk, mit dem man genauso wenig falsch machen kann wie mit einem Blumenstrauß für die Schwiegermutter. Achten Sie auf

Qualität. Qualität verlängert die Lebensdauer. Und lange Lebensdauer sorgt für einen nachhaltigen Werbeeffekt.

- **Werbeuhren und Werbekrawatten:** Kennen Sie jemand, der mit einer Werbeuhr am Handgelenk herumläuft? Nachdem eine Uhr zu den wenigen Schmuckstücken gehört, mit denen Männer ihre Garderobe aufwerten, werden sie diesen Teil ihres Körpers wohl kaum durch eine Werbefläche verunzieren. Ähnlich verhält es sich mit Werbekrawatten.
- **Bälle:** Die gibt der Vater seinen Kindern.
- **Taschenmesser:** Für das Kind im Manne. Führt ein tristes Leben in Schubladen und Hosentaschen, bis es irgendwann einmal verschenkt wird oder im Unterholz verloren geht.

Ein süddeutsches Energieversorgungsunternehmen landete einen Volltreffer mit einem ungewöhnlichen Messegeschenk: Es war ein einfacher Plastikeimer. Ja, Sie haben richtig gelesen. Ein Eimer, wie er im Haushalt benutzt wird, um Wischwasser von A nach B zu tragen. Der zum Werbegeschenk umfunktionierte Haushaltsgegenstand wurde dem Unternehmen von Besuchern förmlich aus der Hand gerissen. Sie trugen damit andere Messemitbringsel und Prospekte nach Hause. Und wenn der Eimer nicht leck geworden ist, wirbt er wahrscheinlich noch heute für die Energieversorger.

Fünf Tricks Exponate in Szene zu setzen

- **Verkleinern!** Ihre Produkte sind zu groß, um sie zu transportieren. Dann machen Sie es nach dem Prinzip, das Spielzeugautos und Modelleisenbahnen so beliebt macht: Verkleinern! Heutzutage gibt es 3 D-Drucker, die, mit Ihren CAD-Daten gespeist, jedes Objekt bis ins kleinste Detail und in jedem gewünschten Maßstab für Sie dreidimensional ausdrucken. Vielleicht dienen Ihnen die Miniteile auch gleich als originelles Messegeschenk für Ihre Besucher?
- **Vergrößern!** Wenn Ihre Produkte so klein sind, dass sie nicht zum Blickfang werden können, zeigen Sie sie groß. Gerade bei mikroskopisch kleinen Teilen reizt es, sie bis ins Detail vergrößert zu sehen. Aber auch Alltagsgegenstände gewinnen durch Vergrößerung ihren Reiz, etwa die Riesenbrezel oder das größte Weizen-

bierglas der Welt. Ein Möbelhersteller widmete eine Ecke seines Standes dem Motto: „Die Küche mit Kinderaugen". Dabei waren die aufgebauten Möbel so groß, dass die Erwachsenen gerade mal mit der Nasenspitze bis zur Tischkante kamen. Die Installation war eines der meistfotografierten Messemotive und diente Tausenden von Besuchern als origineller Blickfang für Schnappschüsse.

- **Verfremden**! Lösen Sie Produkte aus ihrer normalen Umgebung oder ihrer üblichen Anwendung heraus und die Wahrnehmung für diese Art der Präsentation wird viel größer. Warum? Weil wir das Ungewohnte, Neu- und Fremdartige bevorzugen. So hat man auf vielen Messen Industrierobotern beigebracht, sich zu klassischem Ballet zu bewegen oder sie aufs Malen von Bildern im Picasso Stil programmiert.

- **Überhöhen**! Eine Brezel in der Vitrine, ein Dichtgummi als Collier, ein Stuhl hinter Glas, eine Waschmaschine auf einem Denkmalsockel – alles Tricks, Ihre Produkte raffinierter und begehrenswerter darzustellen. Hinzu kommen Licht, eine Absperrung wie im Museum oder ein Exponat, das man nur durch ein Guckloch betrachten kann. Der Entdeckungsdrang der Menschen ist so groß, dass das „Überhöhen" seine Reize hat.

- **Spielen**! Machen Sie Ihre Produkte und Dienstleistungen zum Gegenstand von Spielen. Und lesen Sie dazu die Tipps zum Thema „Spielen Sie mit Ihren Besuchern".

Wann mache ich was?

Checkliste für Vorbereitung, Durchführung und Nachbereitung Ihrer Messeteilnahme

- Neun Monate vorher
  - Geeignete Messen auswählen
  - Grobkosten planen
  - Messeziele definieren
  - Fördermöglichkeiten checken
  - Partner für Gemeinschaftsstand suchen
  - Budget definieren

- Sechs Monate vorher
  - Teilnahme anmelden
  - Messekonzept ausarbeiten
  - Messeteam definieren
  - Standkonzept planen
  - Reise planen, Hotels buchen
  - Besucherwerbung beginnen
  - Messegeschenk auswählen
- Drei Monate vorher
  - Besucher gezielt einladen
  - Pressearbeit einsetzen
  - Internet-Auftritt vorbereiten
  - Drucksachen checken und evtl. nachbestellen
  - Teamschulung für Messeeinsatz beginnen
  - Logistik, Transport, Versicherung klären
  - Standausstattung im Detail festlegen (Telefone, Internet, Fax etc.)
  - Catering organisieren
- Während der Messe
  - Kundengespräche
  - Pressetermine
  - Vorträge
  - Kontakte zu anderen Ausstellern
  - Wettbewerber beobachten
  - Konkurrenzprospekte sammeln
  - Gelungene Messestände und Aktionen beobachten
  - Kontakt zur Messeleitung herstellen
  - Messeberichte intern schreiben
  - Messe-News im Internet veröffentlichen
- Nach der Messe
  - Kontakte nacharbeiten
  - Kundenanfragen bearbeiten
  - Presseberichte auswerten
  - Konkurrenzprospekte auswerten
  - Pressebericht über Messeerfolg erstellen
  - Kosten/Nutzen analysieren
  - Pro/Contra, künftige Messeteilnahme entscheiden

Leicht und wieder verwendbar: Mobile Messeelemente

Mit mobilen Messseinheiten sind Sie für alle Messe- und Präsentationsanlässe gut gerüstet. Während konventionelle Messestände einen oder mehrere Tage Bauzeit verlangen und danach noch mit Werbeflächen und Postern bestückt werden müssen, reduziert sich die Aufbauzeit bei mobilen Messewänden auf wenige Sekunden. Die Rückwände sind mit Werbung vollflächig bedruckt und kommen mit wenigen Handgriffen aus Koffern, Boxen oder Tragetaschen. Die Kosteneinsparung ist enorm, die Flexibilität auch, denn die mobilen Messestände lassen sich das ganze Jahr über bei vielen Gelegenheiten einsetzen. Steht Pressebesuch oder eine wichtige Präsentation ins Haus? Selbst bei solchen Anlässen kann man sie im Handumdrehen einsetzen.

Pop Up-Displays

Unter dem Namen Pop Up-Display verbergen sich mobile Messewände, die leicht sind, geringe Packmaße aufweisen und wie ein Regenschirm aufgespannt werden können. Für den Transport in Koffern oder runden Tonnen reicht ein Pkw-Kombi und die Aufstellung kann eine Person allein erledigen. Viele Pop Up-Displays haben beispielsweise Standardmaße von 3 × 2,6 m, lassen sich aber so verketten und kombinieren, dass damit selbst frei stehende Stände geschaffen werden können. Auch Beleuchtungsmöglichkeiten, Ablagen oder Boxen für die Prospekte lassen sich in diesen Displays integrieren.

Bannerdisplays

Bannerdisplays spannt man auf wie eine Leinwand am Diaabend. Sie werden direkt aus dem Alugehäuse, das als Transportverpackung und Standfuß dient, herausgezogen und durch einen Federmechanismus verspannt. Mehrere Bannerdisplays sind zu einer großen Wand verbindbar. Halogenspots können aufgesteckt werden. Beim Transport finden sie Platz im Kleinwagen (Abbildung 34).

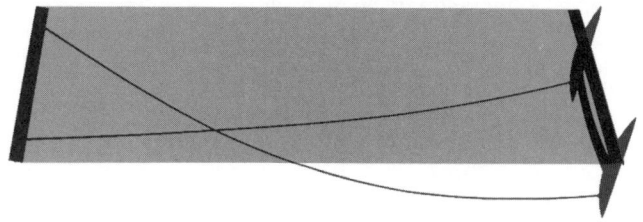

Abb. 34: Bannerdisplay (Quelle: Immaker GmbH)

Theken

Auch Theken können aus der Tasche kommen. Die leichten und faltbaren Thekenmodelle lassen sich nahezu rundum bedrucken und sind – wie die Displays auch – leicht aufzustellen, zu transportieren und zu lagern.

Follow up, die Kunst der Messenachbereitung

Wenn Sie dachten, vor der Messe war Stress, dann haben Sie die Phase der Nachbereitung noch nicht kennen gelernt: Denn in den Tagen nach der Messe machen Sie erfolgreich Neugeschäft, wenn Sie mit Schnelligkeit und Zuverlässigkeit überzeugen.

Sehr viel hängt nun davon ab, wie schnell Sie es schaffen, die Messekontakte auszuwerten und die gewünschten Informationen zu liefern. Jetzt haben Sie die Gelegenheit, die bei der ersten Messebegegnung begonnene Akquisition fortzusetzen und neue Kunden zu gewinnen.

- Geben Sie unmittelbar nach der Messe alle Kontakte in eine Datenbank ein. Sie sind die Basis für spätere E-Mail-Aktionen, zum Aufbau eines Interessentenstamms oder für den Bezug Ihres Newsletters.
- Versenden Sie in den ersten drei Tagen an alle Kontakte, die an weiterführender Information interessiert waren, die gewünschten Unterlagen. Dazu gehören auch eventuelle Angebote.
- Legen Sie jeder Aussendung eine Antwortkarte oder ein Antwortfax bei, in dem der potentielle Kunde weitere Informationen anfordern kann. Bieten Sie hier beispielsweise den Bezug eines Newsletters, weiterer Prospekte oder persönlicher Besuche an.
- Formulieren Sie in der Woche nach der Messe eine Presseinformation für die lokale Tagespresse, in der Sie über besondere Geschäftsabschlüsse, Besucherzahlen, einen ungewöhnlichen Auftrag oder prominenten Besuch auf Ihrem Stand berichten.
- Vergessen Sie nicht bevor Sie das alles tun, Ihre Mitarbeiter über den Erfolg der Messe zu informieren.

Mini-Messen und andere Präsentationsmöglichkeiten

Auch abseits der großen nationalen und internationalen Messen gibt es Gelegenheit Produkte und Dienstleistungen zu präsentieren und mit Kunden und anderen Marktteilnehmern ins Gespräch zu kommen. Es gibt kleinere und kürzere Präsentationsformen, die oft nur einen Tag in Anspruch nehmen und dennoch die Chance zahlreicher neuer und persönlich wahrgenommener Kontakte bieten.

Hier eine kleine Aufzählung der Möglichkeiten. Nicht in jeder Region werden Sie diese finden. Aber vielleicht können Sie auch die eine oder andere Idee übernehmen und in Ihrem Umfeld ins Leben rufen?

- **IHK, Handwerkskammern und Wirtschaftsförderer:** Sowohl die örtliche Industrie- und Handelskammer, die Handwerkskammer als auch die Wirtschaftsförderer in Ihrer Region veranstalten in der Regel Ausstellungen mit lokaler Bedeutung. Fragen Sie bei den Institutionen nach, auf welchen Veranstaltungen Sie Ihr Unternehmen präsentieren können. Häufig gibt es „Leistungsschauen" der regionalen Wirtschaft oder spezielle Präsentationsmöglichkeiten für Unternehmensgründer.

- **Tischmessen:** Tischmessen sind die preiswerteste Form mit potentiellen Kunden ins Gespräch zu kommen. Im Gegensatz zu herkömmlichen Messen ist die Ausstellungsfläche auf einen Tisch begrenzt – im Vordergrund stehen Gespräche und Kontakte zu Einkäufern und anderen Interessenten. Vor allem in der Schweiz sind diese Formen der Kontaktanbahnung sehr beliebt.

- **Kongressbegleitende Ausstellungen:** Zahlreiche Fachkongresse bieten auch begleitende Ausstellungsmöglichkeiten. Fragen Sie bei den Kongressveranstaltern nach, ob und inwieweit diese Möglichkeiten bestehen. Für Kongressbesucher sind neben dem Vortragsprogramm die Kontakte zu Praxisanwendungen, die Aussteller in Ergänzung zum Vortragsprogramm demonstrieren, ein willkommener Punkt im Tagesablauf. In Kongresspausen steht genügend Zeit für Gespräche zur Verfügung.

- **Sparkassen:** Regionale Sparkassen oder Volksbanken verstehen sich als Förderer der heimischen Wirtschaft. Und nahezu alle größeren Geschäftsstellen bieten dafür eine Menge Platz. Initiieren Sie Kontakte zur Sparkasse selbst oder treten Sie über Ihre Berufsorganisation, z. B. Innung, an die Sparkasse heran.

- **Hausmessen:** Sobald Ihr Kundenstamm groß genug ist, kann sich die Organisation einer Hausmesse lohnen. Vor allem wenn Transport- und Präsentationskosten für die Exponate sehr hoch sind, ist die Veranstaltung einer Messe in den eigenen Räumen oder am Firmensitz von Vorteil. Hinzu kommt: Die Kontakte zu den Besuchern sind auf Hausmessen intensiver und exklusiver. Manche Unternehmen organisieren auch gemeinsame Hausmessen. Das funktioniert immer dann, wenn eine Branche in einem regional begrenzten Umfeld angesiedelt ist, wie z. B. die Möbelindustrie im südlichen Baden-Württemberg, die dort alljährlich eine „Hausmesse Süd" veranstaltet. Zwar finden alle Ausstellungen in den jeweiligen Firmengebäuden statt, die Messestandorte liegen aber dennoch dicht an dicht.

- **Lieferantenmessen**: Auch Messen direkt beim Kunden gibt es. Großkonzerne veranstalten fachbezogene Einkaufstage. Und in vielen Branchen, z. B. im Krankenhausbereich, haben sich Einkaufsgemeinschaften gebildet, bei denen sich Lieferanten präsentieren können. Hier ist ein besonders intensiver Kontakt zu den „Beschaffern" möglich.

Low Budget Tipps für Ihre Messe

- **Mitaussteller:** Werden Sie Mitaussteller – bei Ihrem Lieferanten, bei Herstellern, bei Verbänden und auf Gemeinschaftsständen. Oder initiieren Sie selbst eine gemeinschaftliche Ausstellung.

- **Komplettstände:** Geben Sie komplett aufgebauten und fix und fertig benutzbaren Mietständen, wie sie viele Messegesellschaften anbieten, den Vorzug vor eigenen Standbauten. Sie müssen sich um nichts weiter kümmern, als Ihre Exponate und Ihr Werbematerial einzuräumen.

- **Faltbare Displays:** Setzen Sie auf leicht zu transportierende und vielseitig einsetzbare Faltdisplays statt auf starre Wände, die Kosten bei Auf- und Abbau verursachen.

- **Besucher:** Sind potentielle Kunden unter den Ausstellern Ihrer Wunschmesse? Auch als Besucher haben Sie Gelegenheit, sich Ihnen im Gespräch zu präsentieren. Wenn Sie mit einer Messe noch nicht viel Erfahrung haben, versuchen Sie dies als ersten Schritt.
- **Bewirtung:** Verzichten Sie auf Bewirtung. Bewirtung kostet und verursacht zusätzlichen Personal- und Zeitaufwand. Stecken Sie das eingesparte Geld in ein originelles Messegeschenk oder in die Gewinnspiele mit Ihren Kunden.
- **Fördertöpfe:** Messeteilnahmen werden häufig gefördert. Vor allem die Teilnahme an Auslandsmessen. Fragen Sie bei IHK oder Wirtschaftsförderern nach, wie Sie an Zuschüsse kommen können.

10. Augenmerk auf Außenwerbung

- Außenwerbung, Ihre Botschaft im öffentlichen Leben
- Formen der Außenwerbung
- Wie gestaltet man Plakate?
- Wie plant man eine Außenwerbekampagne?
- Ihre Werbung bewegt sich
- Nah, näher am nächsten, Ambient Media
- Low Budget Tipps für Ihre Außenwerbung.

Außenwerbung, Ihre Botschaft im öffentlichen Leben

Sie verlassen das Haus und Sie sehen: Werbung! Von der Plakatwand grüßt ein Bierglas, an der Bushaltestelle leuchtet eine Schachtel Zigaretten und eben fuhr ein Taxi vorbei – beklebt mit der Sendefrequenz eines regionalen Radiosenders. Außenwerbung boomt. Zumindest in Großstädten findet man Werbebotschaften an jeder Ecke. Außenwerbung an Telefonhäuschen, Bauzäunen, Fassaden, Vitrinen, Wartehallen, an Tankstellen, auf dem Sportplatz, dem stillen Örtchen, auf Kanaldeckeln oder über Ihren Köpfen – als Heißluftballon oder Zeppelin.

Außenwerbung kann man nicht wegzappen, kann man nicht überblättern. Sie stellt sich uns in den Weg, wenn wir zur Arbeit wollen oder zur Schule, ins Kino oder zum Einkaufen. Das ist Ihr Plus: Außenwerbung packt Ihre Botschaft nicht in ein anderes Medium, sie ist einfach da – mitten im öffentlichen Leben.

Außenwerbung kann sehr teuer sein, wenn Sie sich in den Kopf gesetzt haben, das Brandenburger Tor zu verhüllen. Sie kann es aber auch fast zum Nulltarif geben: Wenn Sie Ihren Fuhrpark oder Ihr Gebäude als Werbefläche nutzen.

Alles eine Standortfrage

Je mehr Publikum an einem bestimmten Standort zusammenkommt, desto mehr Chancen für Ihren Werbeerfolg. Das Schöne an der Außenwerbung ist, dass Sie jeden Standort einzeln begutachten können. Es gibt Plakatflächen, die auf Abstellgleise zeigen und andere im Herz der Innenstadt. Die Kosten sind für beide gleich, die Wirkung höchst unterschiedlich. Gleiches gilt für Bushaltestellen: An Umsteigepunkten gibt es eine wesentlich höhere Frequenz. Manche Linien transportieren vorwiegend Schüler, andere wiederum ältere Leute. In Ihrer eigenen Stadt können Sie die Qualität der Standorte durch eine Besichtigung leicht selbst beurteilen. Machen Sie sich die Mühe. Der Standort kann Ihnen helfen auch nach Zielgruppe zu selektieren. Sie möchten ein vorwiegend älteres, gehobenes Publikum erreichen? Wie wäre es mit einem Standort in der Nähe des Stadttheaters, eines Museums oder Konzerthauses? Sie wenden sich an ein jüngeres, vorwiegend männliches Publikum: dann sind Sie auf dem Sportplatz gerade richtig.

Formen der Außenwerbung

Großflächen

Die Großfläche ist die am meisten verbreitete und bekannteste Form der Außenwerbung. Großflächen heißen nicht nur so, sie sind es auch: Ganze 3,6 Meter breit und 2,6 Meter hoch. Werbeleute nennen die Großfläche auch 18/1 Fläche, was nichts anderes bedeutet, als dass die Werbefläche der Größe von 18 DIN-A1-Plakaten entspricht. Großflächen haben eine große Fernwirkung. Sie sind das Medium, das man auch aus dem fahrenden Pkw, Bus oder der Straßenbahn hervorragend wahrnimmt. Die meisten Großflächen befinden sich daher auch in unmittelbarer Nähe von Verkehrsstraßen, Bahnhöfen, auf Großparkplätzen vor Verbrauchermärkten oder in stark frequentierten Bereichen der Innenstadt. Großflächen sind sehr billig, was die Belegungskosten angeht. Es gibt etwa 235.000 Großflächen in Deutschland und wenn Sie wollen, können Sie nur eine einzige belegen.

Der Nachteil für den Low Budget Werber: Leider ist die Herstellung eines Großflächenplakats nicht ganz billig. Die Herstellung eines einzelnen Großflächenplakats schlägt mit rund 400 Euro zu Buche. Aber bereits bei 10 Exemplaren sinken die Stückkosten auf

100 Euro. Und auch für das allerkleinste Budget haben wir ja noch unsere Low Budget Ideen für die Großfläche:

- **Besorgen Sie sich Plakate von Ihren Lieferanten.** Kosten: Null, oder eine ganz geringe Kostenbeteiligung. Überkleben Sie diese mit einer auffälligen Banderole, die auf Ihr Geschäft hinweist.
- **Haben Sie kleinere Plakate?** Dann bekleben Sie die ganze Großfläche einfach mit Ihren Plakaten. Oder Sie platzieren mehrere Plakate in der Mitte und lassen genügend Weißraum um Ihre Werbung. Auch das wirkt.
- **Lassen Sie die Großfläche einfach bemalen.** Entweder mit Ihrem Slogan oder einem kleinen Kunstwerk. Früher gab es Plakatmaler, heute gibt es Sprayer.
- **Sprayen Sie!** Stellen Sie sich eine Sprayschablone her. So besprühen Sie mehrere Großflächen einheitlich und schnell.
- **Bekleben Sie Ihre Großfläche mit anderen Materialien.** Als Maler und Tapezierer mit einer Mustertapete, als Raumausstatter mit Stoffmustern. Haben Sie mit Ihrem Logo bedrucktes Packpapier? Aufs Plakat damit! Die Ideen sind unbegrenzt: Sixt klebte mal ein halbes aufgeschnittenes Auto auf eine solche Fläche.

City-Light-Poster

Die großen Marken lieben diese Werbeträger. Ihr Name verrät bereits alles über sie. City-Light-Poster sind vorwiegend im Zentrum großer Städte zu finden und sie sind beleuchtet: Damit wirken City-Light-Poster auch zu einer Uhrzeit, in der unbeleuchtete Werbeflächen längst im Dunkeln verschwunden sind. Neben dem Vorteil der längeren Wahrnehmungsdauer, gibt es noch weitere. City-Light-Poster sind hinter Sicherheitsglas angebracht. Das garantiert während der ganzen Zeitdauer des Werbeeinsatzes ein einwandfreies Erscheinungsbild. City-Light-Poster haben eine Größe von 175 × 119 cm, was einer Größe von 4 DIN-A1-Bögen entspricht. City-Light-Poster an Bushaltestellen stehen meist quer zur Verkehrsrichtung und werden sowohl von den Benutzern der Buslinie als auch den anderen Autofahrern oder Passanten wahrgenommen (s. S. 208).

Abb. 35: Großfläche 18/1 (Quelle: www.dsmedien.de)

Abb. 36: City-Light-Poster (Quelle: www.dsmedien.de)

Abb. 37: Litfaßsäule (Quelle: Scholz & Friends AG, Fotografie: Matthias Koslik): Eine ausgezeichnete Kampagne. Auf clevere Weise wurde hier die Form der Litfaßsäule für die Gestaltung der Werbung genutzt.

Litfaßsäulen

Am 1. Juli 1855 wurde die erste Litfaßsäule in Berlin aufgestellt. Die runden Werbesäulen sind bis heute unverzichtbar für die Anbringung kleinerer Plakatformate. Da sie in Fußgängerzonen und Einkaufszentren stehen, wendet sich ihre Werbung an die Passanten, die zu Fuß unterwegs sind. Für eine Fernwirkung sind die wenigsten Stellen geeignet.

Litfaßsäulen gibt es als „Allgemeinstellen", die von mehreren Werbungtreibenden geteilt werden. Sie sind oft in unmittelbarer Nähe von Geschäften in der Fußgängerzone. Ihre Belegung ist sehr preiswert und sie werden daher vor allem von kleinen Geschäften, aber auch zum Hinweis auf Kultur- oder Sportveranstaltungen genutzt.

In einer Exclusivvariante können Sie eine Litfaßsäule auch rundum bekleben und damit allein für Ihre Werbung nutzen. Rund 17.000 Säulen in der Bundesrepublik stehen dafür als so genannte „Ganzsäulen" zur Verfügung. Rechnen Sie mit einer Höhe von 3,60 Meter und einem Umfang von 4,30 Meter. Das sind rundum 15 qm Platz für Ihre Werbung.

Wie gestaltet man Plakate?

Wenn Sie die Frage einem guten Grafik-Designer stellen, lautet die Antwort wahrscheinlich: durch Weglassen. Denn Plakate stehen an Straßenrändern, Bushaltestellen, Bahnhöfen, Flugplätzen, Einkaufszentren, also an Orten, die uns mit Sinneseindrücken geradezu überfluten. Um hier die Aufmerksamkeit für eine Werbebotschaft zu gewinnen, müssen Plakate besonders auffällig und eindeutig gestaltet sein. Hinzu kommt: Plakate werden meist von mobilen Menschen wahrgenommen, die Zeitspanne in der Plakate aufgenommen werden können, beträgt oft nur Bruchteile von Sekunden.

Drei Elemente für Ihr Plakat: Bild, Text, Logo

Viele Plakate sind so gestaltet, dass Sie von den Umworbenen oftmals gar nicht wahrgenommen werden können. Gestaltungsfehler unterlaufen dabei immer wieder auch renommierten Kreativen und ihren Auftraggebern. Dabei befinden Sie sich schon auf dem richtigen Gestaltungsweg, wenn Sie beherzigen, dass Sie nur diese drei Elemente in Ihr Plakat aufnehmen können.

Es ist sinnlos, Ihrem Plakat weitere Elemente wie Adressen oder Telefonnummern, Hinweise auf Ihre Homepage oder andere Textbausteine hinzuzufügen. Ganz einfach, weil die Darstellungsgröße, der Betrachtungsabstand und die Betrachtungsdauer, die Wahrnehmung weiterer Plakatbestandteile nicht erlauben.

- **Bild:** Bilder für Plakate müssen auffällig, groß und eindeutig sein. Ein zu detailreiches Bild, eine Collage oder die Aneinanderreihung mehrerer kleiner Bildchen ist tabu.
- **Text:** Für einen Plakattext haben Sie maximal fünf Worte. Warum? Texte auf Plakaten dürfen nicht so lang sein, dass man Sie „lesen" muss. Man muss Sie wie ein Bild mit einem Blick erfassen können. Auch Plakattexte müssen also extrem reduziert sein.
- **Logo:** Machen Sie das Logo so groß wie möglich. Es ist Ihre einzige Chance, Plakatbetrachtern den Absender der Werbebotschaft mitzuteilen.

Überlegen Sie, ob durch die Kombination der drei Elemente, Bild, Text und Logo, die Botschaft des Plakates verstanden wird. Welches Produkt wird beworben? Welches Unternehmen steht dahinter? Geben Sie den Betrachtern des Plakates keine Rätsel auf.

Profitipp: Die Wahrnehmung Ihres Plakates steigern Sie auch durch den Einsatz starker Farben oder die Wahl starker Farbkontraste.

---

25 – 50 – 75: ein selbst gemachter Wahrnehmungstest

Wenn Sie wissen wollen, ob Ihr Plakat gut gestaltet ist, lassen Sie ein Exemplar in Originalgröße ausdrucken und betrachten Sie es in den Abständen von 25, 50 und 75 Meter. Wählen Sie auch verschiedene Tageszeiten, um die Wirkung bei trüben Lichtverhältnissen, etwa in der Dämmerung oder auch an Regentagen, beurteilen zu können. Verschaffen Sie sich einen Überblick, ob alle Elemente in den gewählten Betrachtungsabständen gut zu erkennen sind. Wenn es zu teuer ist, ein vierfarbiges Sichtmuster auszudrucken, drucken Sie zumindest Logo und Headline aus. Zur Not auch in

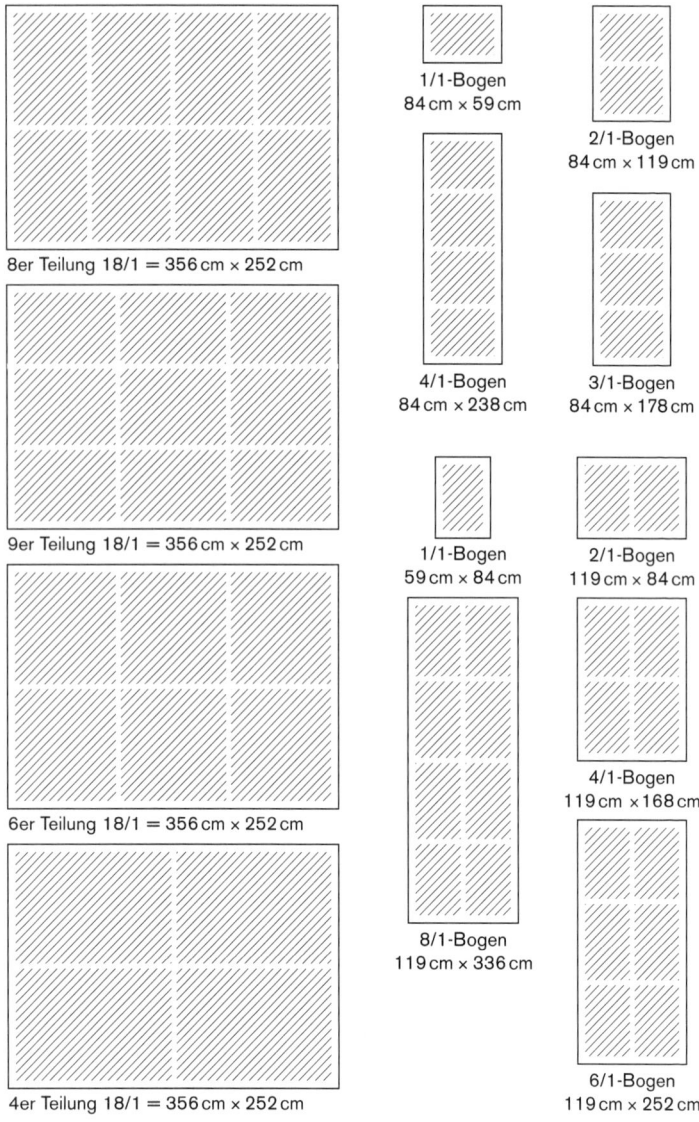

8er Teilung 18/1 = 356 cm × 252 cm

9er Teilung 18/1 = 356 cm × 252 cm

6er Teilung 18/1 = 356 cm × 252 cm

4er Teilung 18/1 = 356 cm × 252 cm

1/1-Bogen
84 cm × 59 cm

4/1-Bogen
84 cm × 238 cm

1/1-Bogen
59 cm × 84 cm

8/1-Bogen
119 cm × 336 cm

2/1-Bogen
84 cm × 119 cm

3/1-Bogen
84 cm × 178 cm

2/1-Bogen
119 cm × 84 cm

4/1-Bogen
119 cm × 168 cm

6/1-Bogen
119 cm × 252 cm

Abb. 38: Plakate und Formate

Schwarz-Weiß. Wenn diese beiden Elemente bereits aus 50 Meter nicht mehr klar zu lesen sind, müssen sie vergrößert werden.

Wie simuliert man die Wirkung eines Großflächenplakates am Konferenztisch? Ganz einfach: Wenn Sie das gesamte Plakat und seine Wirkung möglichst realistisch am verkleinerten Modell abschätzen wollen, drucken Sie das Motiv in der Größe DIN A3 aus. Die Maße Ihrer kleinen Testwelt sind nun zur realen Außenwelt im Verhältnis 1:9 darstellbar. Wenn Sie die Wirkung eines Großflächenplakates also aus 50 m Entfernung simulieren wollen, hängen Sie Ihren verkleinerten Ausdruck an die Wand und gehen 5,5 Meter zurück.

Eines der berühmtesten Plakate Deutschlands entstand in den 80er Jahren. Es wurde von dem Kreativen Michael Schirner für den Auftraggeber IBM entwickelt. IBM war damals noch Hersteller der mittlerweile ausgestorbenen Gattung der Schreibmaschinen. Das Plakat enthielt nicht einmal ein Bild, dafür ein einziges, in großen Schreibmaschinenbuchstaben wiedergegebenes Wort: SchreIBMaschinen.

Wie plant man eine Außenwerbekampagne?

Großflächen

Großflächen werden dekadenweise belegt, d. h. für die Dauer von 10 Tagen. Lang genug, dass eine Werbekampagne ihre Wirkung entfalten kann.

Wenn Sie eine Kampagne mit Großflächen planen, sollten Sie zwei grundsätzliche Zielsetzungen unterscheiden:

(1) Sie wollen möglichst viele Menschen ansprechen? Um dieses Ziel möglichst effektiv zu erreichen, müssen Sie die Belegungsdichte steigern, also in denen von Ihnen ausgewählten Orten eine bestimmte Menge an Plakaten buchen. Die meisten Plakatwerber wählen eine Belegungsdichte von 1:3.000, also ein Großflächenplakat pro 3.000 Einwohner.

(2) Sie wollen bestimmte Zielgruppen erreichen? Da Sie Plakate „einzeln" buchen können, haben Sie die Möglichkeit, bestimmte Zielgruppen durch die Wahl des Standortes zu erreichen. Hier kommt es nicht darauf an, eine spezielle Belegungsdichte zu erzielen, sondern möglichst viel der für Sie in Frage kommenden

Standorte zu buchen. Mögliche Standorte, an denen Sie klar umrissene Zielgruppen erreichen können, sind beispielsweise im Umfeld von Schulen, Apotheken, Tankstellen oder Verbrauchermärkten.

City-Light-Poster

City-Light-Poster (CLP) werden meist wochenweise oder seltener auch dekadenweise gebucht. Leider können Sie City-Light-Poster nur in „Netzen" belegen, d. h. dass Sie je nach Ortschaft, in der Sie die beleuchteten City-Light-Poster buchen wollen, eine bestimmte Mindestmenge abnehmen müssen. Allerdings sind City-Light-Poster meist erst in Städten ab 100.000 Einwohnern in angemessener Anzahl vorhanden. In vielen kleineren Städten sind City-Light-Poster so gut wie nicht verbreitet.

Mit City-Light-Postern können Sie also weder die Belegungsdichte variieren, noch durch die Auswahl von einzelnen Standorten be-

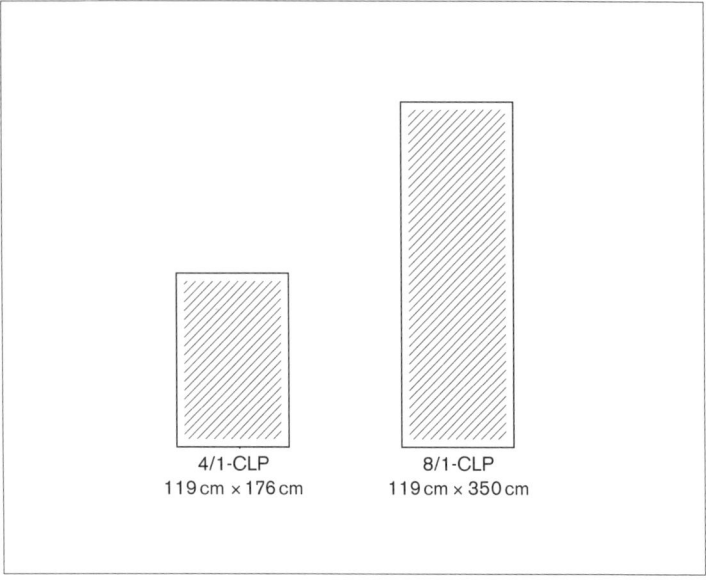

4/1-CLP
119 cm × 176 cm   8/1-CLP
                         119 cm × 350 cm

Abb. 39: City-Light-Poster Formate

stimmte Zielgruppen ansprechen. City-Light-Standorte sind überwiegend in Großstädten und dort vor allem in Innenstädten und Fußgängerzonen, in denen sie Passanten während des Einkaufsbummels erreichen.

> **Profitipp:** In der dunklen Jahreszeit sind City-Light-Poster aufgrund der Beleuchtung allen anderen Werbeträgern im Außenbereich überlegen. Während sich Großflächen oder Litfaßsäulen schon ins Dunkle zurückziehen, fangen die in den City-Light-Vitrinen platzierten Poster erst an, ihre Werbebotschaft auf leuchtende Weise zu verbreiten.

Allgemeinstellen und Ganzsäulen

Beide Werbeträger werden in Dekaden gebucht und können, wie die Großflächenplakate, einzeln, je nach Standort ausgewählt werden. Mehr noch als bei den City-Light-Postern gilt für die „Litfaßsäulen" die Tatsache, dass Sie vorwiegend in Großstädten anzutreffen sind. Gerade die Ganzsäulen erzielen in Großstädten eine gute Werbewirkung. Profis planen deshalb bei der Belegung von Ganzsäulen eine Belegungsquote von 1:6.000.

Großflächenplakate in Ministückzahl

Auf der Website 1-2-3-Plakat.de können auch Unternehmer mit Minibudget die Werbung mit Großflächenplakaten nutzen. Die Betreiber bieten Plakatgestaltung, Druck, Versand und Belegung der Werbefläche für eine Dekade (10 Tage) aus einer Hand an. Auf der Website kann man mit dem so genannten Online-Plakatdesigner das Plakat selbst gestalten, Bilder, Schrift und Logo einsenden, den Wunsch-Standort auswählen und nach Prüfung der Kosten sofort buchen. Alle 180.000 Plakatflächen in Deutschland sind hier erfasst (http://www.123plakat.de).

Ihre Werbung bewegt sich

Busse und S-Bahnen

Auch Busse und Bahnen können Sie für Werbemaßnahmen nutzen. Und das sehr vielfältig. Die Werbemöglichkeiten reichen von Beklebung auf Seitenfenstern, die sowohl nach innen und außen wirkt, über die Anbringung von Plakaten an der Seite oder im Heckbereich. Und natürlich können Sie einen Bus auch vollständig bekleben lassen. Die Preise sind höchst unterschiedlich – je nachdem, ob das Verkehrsmittel in einer Groß- oder Kleinstadt eingesetzt ist. Gerade in einer kleinen oder mittleren Stadt wird Ihre Werbung mit einem ganzflächig beklebten Bus schnell zum Stadtgespräch. Allerdings liegen die Kosten für die Anmietung der Werbefläche bei 400–1.000 Euro im Monat. Weit höher sind die Kosten für die Produktion mit ca. 2.500 Euro. Die Anbringung und Entfernung der Folien schlägt nochmals mit rund 3.000 Euro zu Buche. Insgesamt summieren sich die jährlichen Kosten auf mindestens 10.000 Euro.

Spottbillig ist dagegen die Werbung im Innenraum des Busses, z. B. auf Seitenfenstern oder der Fahrertrennscheibe. Die Mietkosten beginnen in Kleinstädten schon bei 1 Euro im Monat, die Herstellung der Folie müssen Sie mit ca. 30 Euro veranschlagen. Eine gute Alternative, wenn Ihre Zielgruppe im Bus sitzt. Bus-Innenwerbung erreicht hohe Aufmerksamkeitswerte – sie befindet sich direkt im Blickfeld. Mit Verkehrsmittelwerbung erreichen Sie sehr gut berufstätige Zielgruppen sowie Azubis, Schüler und Studenten, die öffentliche Verkehrsmittel überdurchschnittlich nutzen.

Machen Sie Ihre Fahrzeuge zu Werbeflächen

Unschlagbarer Tipp für Low Budget Werber: Setzen Sie Ihren Fuhrpark ein! Jede Lieferfahrt oder Besorgung wird damit zur Werbefahrt für Ihr Unternehmen. Parken Sie Ihre Fahrzeuge nicht in der Garage und nicht im Hinterhof. Parken Sie diese an besonders auffälligen Orten in der Stadt:
• Mitten in der City
• An wichtigen Einfallstraßen

Abb. 40: Beklebtes Lieferfahrzeug (Quelle: www.scotchprint.de)

Abb. 41: Werbe-Smart (Quelle: www.d-bgmbh.ch)

- Vor Gebäuden wie Bahnhof, Sparkasse, Hauptpostamt, Rathaus
- Vor Ihrem Geschäft als erweitertes Schaufenster
- Bei Veranstaltungen in der Nähe des Eingangs
- Bei Großveranstaltungen im Zufahrtsbereich

> **Profitipp:** Auch große Unternehmen haben diese rollende Werbung längst entdeckt. Die Firma 3M benutzte Werbung auf Lkw-Planen zur Platzierung von Stellenanzeigen. Sowohl die Abbildung eines Logos aber auch der Einsatz vierfarbiger Fotomotive ist möglich.

Besonders beliebt als Werbefahrzeug: der Smart. Er ist einfach zu bekleben und aufgrund seiner kleinen Fläche auch sehr preiswert zu gestalten. Die Kosten für eine Rundumbeklebung eines Smart betragen etwa 200–300 Euro. Gute Folien halten bis zu 10 Jahre!

Kastenwägen und Transporter

Diese bieten eine weitaus größere Fläche zu nur unwesentlich höheren Kosten. Ein Lkw-Transporter hat pro Seite etwa 2–3 qm Platz für Ihre Werbung. Übrigens dürfen auch die hinteren Seitenscheiben und das Heckfenster überklebt werden. Für diesen Zweck gibt es semitransparente Folien, die den Durchblick von innen nach außen gestatten.

Lkw sind die Riesen der rollenden Werbung. Ein Sattelzug bietet rund 80 qm Werbefläche. Durch die hohe Fahrleistung – schließlich sind Lkw im Fernverkehr permanent im Einsatz – erreichen sie besonders viele Blickkontakte. Weit über 10 Millionen Blickkontakte können mit einem fahrenden Lkw jährlich realisiert werden. Rundum gestaltete Lkw fallen stark auf – bei Untersuchungen konnten sich bis zu 80 % der befragten Personen an eine bestimmte Lkw-Werbung erinnern. Aber sie sind kein Low Budget Tipp mehr: Bei Druck- und Materialkosten von ca. 100 Euro pro qm kostet die Anbringung Ihrer Firmenwerbung auf einem Lkw immerhin 8.000 Euro.

Abb. 42: Lkw als Werbefläche
(Quelle: www.scotchprint.de)

Abb. 43: Postkarten in
Szenetreffs
(Quelle: www.edgar-
medien.de)

Nah, näher, am nächsten: Ambient Media

In den letzten Jahren entwickelten sich zahlreiche neue Werbeangebote, denen eines gemeinsam ist: sie werden direkt im Lebens-
umfeld spezieller Zielgruppen platziert. So finden Sie heute Werbung nicht nur im öffentlichen Bereich an Straßen, Bushaltestellen,
Bahnhofsgebäuden oder Flughäfen, sondern auch in Fitnessstudios,
Freibädern, Szenekneipen, Krankenhäusern, Bibliotheken, Volkshochschulen, ja selbst vereinzelt auch in Schulen oder Kindergär-
ten. Die neue Werbeform heißt Ambient Media, da diese Medien im
Ambiente der Zielgruppen aufzufinden sind. Noch näher an den
potentiellen Kunden, noch gezielter an die Zielgruppe! Viele der
neuen Medien erleichtern Ihnen dieses Vorgehen.

- **Edgar Freecards:** Vielleicht kennen Sie die kostenlosen Postkarten, die in der Szenegastronomie zum Mitnehmen ausliegen? Die
meist frech gestalteten Motive kann man mittlerweile in rund
3.500 Betrieben der Szenegastronomie und in 47 Städten
Deutschlands verteilen lassen. Dabei können Sie selektiv Lokale,
Regionen oder bei Bedarf das ganze Bundesgebiet für Ihre Werbung buchen. Auf diesen Postkarten, die mitgenommen, weiter-
verschickt oder einfach nur gesammelt werden, werben Einzelhändler, Agenturen, Volkshochschulen oder große Markenartikler (Abbildung 43).

- **Werbung auf der Zapfpistole:** Sind Autofahrer Ihre Zielgruppe?
Dann nichts wie hin an die Zapfsäule. Denn die Oberfläche der
Zapfpistole können Sie in Ihrer Region mit Werbung belegen.
Ideal für Geschäftseröffnungen, Produkteinführungen, Preisak-
tionen oder um den Bekanntheitsgrad in der Region zu steigern.
Besonders gute Wirkung hat diese Werbung, wenn Sie Ihr Produkt
auch im Tankstellenshop verkaufen oder dort weiterführende In-
formationen, wie z. B. ein Gewinnspiel anbieten.

- **Saugnapf an der Fensterscheibe:** Flyer hinter den Scheibenwischer
zu klemmen, das ist billig und häufig wirksam. Ein Hamburger
Unternehmen hat diese Art der Verteilung von Werbebotschaften
kultiviert. Aus den billigen Handzetteln wurden hochwertige
Papptafeln, die mittels Saugnapf an den Fensterscheiben befestigt

werden. Die Supercards genannten Werbeträger werden bundesweit in den gewünschten Regionen verteilt und – wenn Sie wollen – nur an bestimmten Fahrzeugtypen befestigt. Ein Beispiel, wie gezielt man mit Werbung vorgehen kann.

- **Fitness- und Sportzentren:** Gehen Sie mit der Zielgruppe auf Tuchfühlung. In Sport- und Fitnesszentren gibt es Werbemöglichkeiten im Trainingsbereich, im Aerobicsaal, an der Theke, im Umkleideraum oder unter der Dusche. Ganz wie es zu Ihrem Produkt am besten passt.

Welche Nische hätten Sie denn gern?

Überlegen Sie selbst, wie sich neue Zugangswege zu Ihrer Zielgruppe erschließen können. Die Ideen der professionellen Werbefirmen zeigen Ihnen, dass es im öffentlichen Raum noch viele unerschlossene Werbemöglichkeiten gibt. Warten Sie nicht, bis Ihnen diese angeboten werden, erschließen Sie sich Ihre Werbeplätze selbst. Wie immer das Ambiente aussieht, in dem Sie werben möchten, gehen Sie auf die Betreiber zu und fragen Sie nach Werbemöglichkeiten. Um dort maximale Werbewirkung zu erzielen, gehen Sie nach folgendem Prinzip vor:

Werben Sie konzentriert und massiv zugleich

Entscheiden Sie sich für wenige Standorte, aber „besetzen" Sie diese auffällig durch Ihre Werbung. Wenn Sie maximale Werbewirkung erzielen wollen, dürfen Sie nicht nur ein Plakat aufhängen. Bei der ersten Mondlandung mag eine Fahne ausgereicht haben. Im Fitnessstudio, in der Bücherei oder im Schwimmbad sollten Sie immer wieder den Blick der Besucher kreuzen.

Profitipp: Besonders effektiv ist die Nischenwerbung in Situationen, in denen Kunden warten müssen und nicht durch Außeneinflüsse abgelenkt werden. Ein in Warteräumen, Aufzügen oder Toiletten „gefangenes" Publikum nimmt Ihre Werbung intensiver auf.

Low Budget Tipps für Ihre Außenwerbung

- **Die eigene Großfläche:** Wenn Sie genügend Grundstück vor Ihrem Laden oder Unternehmen haben, lassen Sie sich eine Plakatwand aufstellen. Sie gewinnen eine Fläche von 3,6 × 2,6 m, die Sie das ganze Jahr zum Nulltarif nutzen können.
- **Die mobile Werbefläche:** Parken Sie ihr mit Werbung gestaltetes Firmenfahrzeug an stark frequentierten Plätzen. Sie zahlen nur die Parkgebühren! Wechseln Sie alle paar Tage den Standort!
- **Werbung auf Privatgrundstücken:** Hin und wieder gehen auch große Fastfoodketten auf den Acker. Sie platzieren große Werbeflächen im Umkreis ihres Restaurants, um Autofahrer auf Autobahnen und Bundesstraßen Appetit zu machen. Wenn Sie eine solche ideale Lage für eine Werbefläche sehen, verhandeln Sie mit dem Grundstücksbesitzer.
- **Werbung an Fassaden:** Klar, dass Sie Ihre eigene Fassade als Werbefläche nutzen. Aber vielleicht gibt es in Ihrer Stadt eine auffällige Hauswand in idealer Lage? Sprechen Sie mit dem Hausbesitzer. Lassen Sie sich die Werbeaktion vom Ordnungsamt genehmigen.
- **Werbung in anderen Geschäften:** Machen Sie in anderen Geschäften Werbung für sich. Kosten: null. Vereinbaren Sie einfach den Tausch von Werbeflächen. Warum soll ein Bäcker nicht auf eine Metzgerei aufmerksam machen, ein Motorradgeschäft nicht Kontaktlinsen empfehlen oder ein Skater-Shop nicht gleich beim Zahnarzt werben?
- **Werbung auf Privatfahrzeugen:** Nutzen Sie Werbeplätze auf Privatfahrzeugen. Konzentrieren Sie sich auf einen bestimmten Fahrzeugtyp oder eine bestimmte Fahrzeugfarbe, um Einheitlichkeit zu erzielen. Ihre Kosten: ca. 30 Euro für das Bekleben des Fahrzeugs. Plus: ein Warengutschein von 30 Euro für den Besitzer des Pkw als Monatsmiete.

11. Cross Marketing und Guerilla-Marketing, die Kürprogramme für Profis

---

- Wie man sich mit anderen geschickt vernetzt
- Wer als Partner in Frage kommt
- Affiliate-Programme für Kleinunternehmen
- Mund-zu-Mund-Propaganda
- Guerilla Marketing, was ist das?
- Virales Marketing oder Maus-zu-Maus Propaganda

Wie man sich mit anderen geschickt vernetzt

Versuchen Sie einmal, Ihre Werbeaktivität nicht mehr isoliert zu betrachten. Finden Sie Partner, mit denen Sie gemeinsam neue Kunden werben können. Die Gründe, dies zu tun, können sein:

- Reduzierung der Gestaltungs- und Herstellungskosten von Werbematerial
- Reduzierung der Verteilungs- oder Streukosten
- Gewinnung neuen Adressmaterials
- Erschließung neuer Zielgruppen
- Erhöhung der Werbewirkung
- Erhöhung der Öffentlichkeitswirkung

Gemeinschaftswerbung ist ein alter Hut. Wir kennen sie als gemeinsame Werbeaktionen von Verbänden oder Einkaufsgemeinschaften, wie z. B. der Küchenmöbelindustrie oder dem Handwerk, aber auch bei lokalen Werbegemeinschaften im Einzelhandel oder im so genannten Stadtmarketing.

In der Regel finanzieren sich solche Werbeaktionen durch eine Umlage. Jeder zahlt einen Beitrag in die Werbekasse, ein Ausschuss stimmt über Konzeption und Einsatz der Mittel ab. Nicht selten sind die Ziele solcher Gemeinschaftswerbung nur in einer kaum greifbaren, allgemeinen Erhöhung des Aufmerksamkeitsgrades für eine Branche oder ein Produkt zu sehen. Konkrete Wirkung, etwa durch erhöhte Verkäufe, spüren die einzelnen Teilnehmer durch diese Art der Werbung oft nicht.

Profitipp: Führen Sie Gemeinschaftswerbung gezielt nach Ihren Bedürfnissen durch. Finden Sie einen Partner, der von der Partnerschaft ebenso wie Sie profitiert und konzipieren Sie gemeinsame Werbemaßnahmen.

In meinem Autohaus finde ich plötzlich bei der Schlüsselabgabe einen kleinen Stapel Visitenkarten. „Blitzblank Autoservice" steht da drauf. „Wenn Ihr Auto mal wirklich porentief rein werden soll, bringen Sie es zu uns."

Das ist eine gute Idee, die Zielgruppe der Autofahrer zu erreichen und dies direkter und kostengünstiger als durch jede Zeitungsanzeige. Durch die Streuung über bestimmte Automarken, kann die Zielgruppe, etwa Fahrer von Luxuskarossen, exakt erreicht werden. Aber wohin mit der Visitenkarte? Besser wäre ein kleines Putztuch mit Werbeaufdruck gewesen. Das entfaltet eine Langzeitwirkung. Und erinnert mich jedes Mal, wenn ich es zum Putzen in die Hand nehme daran, dass es auch jemanden gäbe, der diese Arbeit für mich ausführt.

Reduzierung der Gestaltungs- und Herstellungskosten

Warum nicht einen Teil ihres Prospekts als Werbefläche an ein anderes Unternehmen „verkaufen" und es so an den Kosten beteiligen? Viele Händler fragen da bei ihren Lieferanten nach. Die Integration eines Logos oder einer Anzeige lassen sich viele Lieferanten ein bisschen etwas kosten, vor allem wenn Sie ein guter Kunde sind.

Warum überlegen Sie nicht, wer an Ihrem Kundenkreis interessiert sein könnte, weil er exakt die gleiche Zielgruppe anspricht?

Reduzierung der Streu- oder Verteilkosten

Ein Ansatz, der gleich mehrere Chancen bietet: Angenommen Sie verteilen Prospekte in einem bestimmten Stadtgebiet. Warum nicht auch weiteres Werbematerial verteilen? Sie planen ein Mailing und können ohne die Portokosten zu erhöhen noch 100 Gramm dazulegen? Warum tun Sie es dann nicht? Verkaufen Sie freie Plätze an andere und reduzieren Sie so Ihre eigenen Kosten.

Wer als Partner in Frage kommt

Konkurrenten

Wettbewerb belebt das Geschäft. Oder anders gesagt: Erst wenn sich mehrere Unternehmen der gleichen Branche zusammen tun, zu einer gemeinsamen Leistungsschau etwa, ist der Anreiz für Besucher groß genug, eine solche Ausstellung auch zu besuchen. So veranstalten Möbelgeschäfte, Designstudios und andere den so genannten Designers Saturday.

Der Designers Saturday versteht sich als Plattform, auf der sich Designer, Agenturen, Unternehmen und Fachgeschäfte präsentieren können. Ein Designers Saturday verteilt sich immer auf die ganze Stadt und ist nicht auf einen Standort konzentriert. Verbunden sind die Standorte mit einem Bus-Shuttle, veranstaltungsbegleitend gibt es einen City Guide und sign – das Magazin zum Designers Saturday. Unter dem Motto des Designers Saturday finden Vorträge, Präsentationen, Symposien statt. Neben solchen fixen Programmpunkten haben die Besucher Gelegenheit, sich auch umfassend in Gesprächen zu informieren und Kontakte zu knüpfen.

Leistungsschau im Autohaus

Jeder, der über Ausstellungs- oder Verkaufsräume verfügt, hat auch Präsentationsräume für Sie. Sie müssen nur den passenden Partner finden. Dabei müssen nicht einmal die Produktangebote der beiden Partner kompatibel sein. Es reicht, wenn die Zielgruppe stimmt. So nutzte ein neu gegründetes Cateringunternehmen, das sich an Unternehmen und gut verdienende Privatleute wendet, die Premierefeier zur Vorstellung eines neuen Automodells, um sich zu präsentieren. Leckere Häppchen und Getränke wurden dort zum Selbstkostenpreis abgegeben.

Akquise mit dem Lieferanten

Viele Markenartikler, die kostspielige Anzeigenwerbung betreiben, versenden Werbematerial und verweisen dann auf einen Fachhändler in nächster Nähe. Führen Sie deshalb auch mit Ihren Lieferanten Gespräche über deren Werbeaktivitäten und bringen Sie in Erfahrung, wie Sie davon profitieren können.

Wenn Sie besondere Events in Ihrem Hause planen, sprechen Sie Ihre wichtigsten Lieferanten an: welchen Beitrag können sie dazu leisten? Wichtiger als finanzielle Beiträge sind manchmal auch Programmbeiträge zu Ihrer Veranstaltung.

Bieten Ihre Lieferanten besondere Schulungen an, von denen Ihre Kunden profitieren könnten? Dann veranstalten Sie eine Schulungsreihe. Veranstaltungsangebote, die über den normalen Verkauf hinausgehen, haben zudem bessere Chancen über die Presse verbreitet zu werden.

Ergänzende Angebote

Für manche ist die Darstellung eigener Produkte und Dienstleistungen mit einem Partner schon mehr als eine Werbestrategie. In vielen Fällen ist dies auch eine wirksame Vertriebsstrategie. Überlegen Sie, welche Partner Ihr Angebot aufnehmen können, um damit Ihren Kunden Mehrwert zu bieten. Oder um neue Verkaufsanreize zu schaffen.

Die Haltung von Koi-Karpfen im Gartenteich gehört zu den Hobbys, die allmählich den Kreis der eingefleischten Szene verlassen und bei Gartenteichbesitzern immer bekannter werden. Doch was, wenn man keinen Gartenteich hat? Dann geht man zum Landschaftsgärtner und lässt sich einen anlegen. – Nach dieser Grundüberlegung vertreibt ein süddeutscher Züchter seine Kois fast ausschließlich über Gartenbaubetriebe. Seine Werbe- und Vertriebspartner sind mit Prospektmaterial ausgestattet und in den wichtige Gartenmonaten ist der Züchter am Wochenende in den Betrieben für Frage und Antwort zur Stelle.

Affiliate-Programme für Kleinunternehmen

Vor allem durch den Internetbuchhändler Amazon wurden „Affiliate-Programme" populär. Beim Affiliate-Programm werden Sie Vertriebspartner von Amazon, indem Sie auf Ihrer eigenen Website auf die Seiten von Amazon oder ganz bestimmte Buchtipps verweisen. An den Umsätzen, die Amazon mit den von Ihnen „gelinkten" Kunden erzielt, sind Sie zu einem gewissen Prozentsatz beteiligt.

Gewähren auch Sie Ihren Kooperationspartnern solche Umsatzprovisionen. Für diese ist es ein zusätzlicher Anreiz, quasi so „nebenbei", Geld zu verdienen. Für Sie ein risikoloses Geschäft, da Provisionszahlungen ja nur bei tatsächlich erfolgten Umsätzen fällig werden.

> **Übrigens:** die Werbebranche ist auf der Basis eines solchen Provisionsmodells überhaupt erst entstanden. Weil Werbeagenturen die Gestaltung von Werbeanzeigen in Zeitungen und Magazinen anboten, erkannten die Verlage sie als wichtige Vertriebspartner im Anzeigenverkauf und gewährten Agenturen eine Provision pro verkaufter Anzeige in Höhe von 15 % des Anzeigenpreises. Auch Druckereien und andere Dienstleister der Werbeagenturen schlossen sich diesem Provisionsmodell an.

Mund-zu-Mund-Propaganda

Das ist doch wie im Märchen, immer neue Kunden kommen zu Ihnen, nur weil andere Sie empfohlen haben. Und Sie haben nichts dafür getan. Keine Anzeigen geschaltet, keine Handzettel verteilt, keine E-Mails versendet. Einfach so. „Wie kommen Sie zu mir?", fragen Sie Ihre Kunden. „Ach, ich habe von Ihnen gehört", sagt der eine. „Sie sind mir empfohlen worden", sagt der andere. Und ein Dritter: „Die ganze Stadt spricht doch von Ihnen."

Es ist ein Traum. Als Sie aufwachen, werden Sie mit der Wahrheit konfrontiert. Wahrheit 1: Solche märchenhaften Zustände können Sie tatsächlich erreichen. Wahrheit 2: Sie müssen etwas dafür tun!

Wenn Menschen weltweit gefragt werden, was die glaubwürdigste Informationsquelle für sie ist, dann antworten sie: die Empfehlung eines Freundes oder Bekannten. 81 % der amerikanischen Verbraucher halten Mundpropaganda für die beste Informationsquelle über neue Produkte. Auf den Plätzen dahinter: Medienberichte, erst dann folgt die Werbung. (Quelle: GfK Roper Consulting „Global Word-of-Mouth Study", Juni 2006) Die Wahrscheinlichkeit, dass Menschen von Mundpropaganda beeinflusst werden, liegt um 50 % höher als bei klassischer Werbung, verrät eine Studie. (Consumer-Generated-Media and Engagement Study, Intelliseek & Forrester, 2006)

„Rund 85 % unserer Kunden kommen über Mundpropaganda zu uns", sagt Prof. Dr. Günter Faltin, Professor für Entrepreneurship an der Freien Universität Berlin, der das Unternehmen Teekampagne gegründet hat. Das Unternehmen ist – ohne einen Cent in Werbung investiert zu haben – zum größten Händler von Darjeeling Tee in Deutschland geworden.

Empfehlungen sind Geld wert

Sie können einiges tun, um Mund-zu-Mund-Propaganda zu erreichen. Und die Muster dazu sind gar nicht mal neu. Es sind bewährte Tugenden, die Kunden begeistern, wie zum Beispiel:

• toller Service,
• hervorragende Qualität,
• Sonderangebote.

Tatsächlich florieren viele Geschäfte, weil sie ihren Kunden genau dies bieten. Und Kunden, die nicht nur zufrieden, sondern geradezu begeistert sind, geben ihre Begeisterung gerne weiter: an Freunde und Bekannte, an Kollegen oder als Tipp an „wildfremde Leute". Aber was hat das mit Werbung zu tun? Noch nichts.

Setzen Sie Werbemethoden ein, um diese Effekte zu fördern. Bringen Sie Ihre Kunden zum Sprechen. Hier sind ein paar typische und erprobte Methoden, wie bestehende Kunden neue Kunden gewinnen.

Ein Ravensburger Friseur setzt einen Doppel-Gutschein ein, den er seinen Stammkundinnen schenkt. Der Clou: Eine Hälfte des Gutscheins ist abtrennbar und kann an eine Freundin weitergegeben werden, die andere nutzt man selbst. Wenn die Stammkundin einen Neukunden empfiehlt, erhalten also beide einen Preisnachlass beim nächsten Besuch. Solche

Doppelkarten werden bereits fix und fertig für Friseure, Kosmetik- oder Sonnenstudios angeboten.

Die australische Fahrradmarke Bike Friday – sie stellt Faltfahrräder her – berichtet, dass 60 % der Umsätze aus Empfehlungen von Kunden stammen. Sie verspricht jedem Kunden, der eine erfolgreiche Empfehlung ausspricht einen Barscheck über 50 Dollar oder einen Einkaufsgutschein über 75 Dollar. Um Kunden das Empfehlen leicht zu machen, erhalten sie nach dem Kauf zwölf bereits frankierte Postkarten, die den Namen des Kunden und des Verkäufers enthalten, der ihm das Fahrrad verkauft hat. Diese Karten senden sie an das Unternehmen mit dem Namen desjenigen, dem sie das Fahrrad empfohlen hatten. Wann immer der Kunde nun kauft, erhält der Tippgeber seinen Bonus. Eine 70-jährige Kundin ist übrigens die beste Empfehlerin. Sie hat 110 Empfehlungen für Bike Friday ausgesprochen und damit dem Unternehmen einen Umsatz von 337.170 Dollar beschert.

Kunden-werben-Kunden-Aktion

Versprechen Sie jedem Ihrer Kunden, der Ihnen einen neuen Kunden bringt eine kleine Prämie. Dieses Muster funktioniert seit vielen Jahren in der Zeitungs- und Zeitschriftenbranche oder bei Versicherungen.

Kundenclub

Gewähren Sie Ihren Kunden exklusive Vorteile, schaffen Sie für sie besondere Erlebnisse oder lassen Sie sie früher als andere von Sonderpreisen profitieren. Wenn ein solcher Club genügend Vorteile verspricht, werben die Clubmitglieder auch ständig neue Interessenten an. Kundenclubs zeichnen sich dadurch aus, dass die Clubmitglieder als solche registriert werden. Sie haben eine Clubkarte und können über Direktwerbung gezielt angesprochen worden. Nicht immer braucht es dazu die förmliche Clubvariante – ein imaginärer Stammkunden-Club tut es auch. Verschaffen Sie Ihren Stammkunden, also auch ohne Club-Gründung, gewisse Vorrechte und Vorteile. Sie werden es zu schätzen wissen.

Eine Weinhandlung bietet den Wein des Monats für Stammkunden zu einem Vorteilspreis an. Alle anderen kaufen den besonderen Wein teurer. Darüber hinaus erhalten die Stammkunden regelmäßig Informationen

229

über neue Weine im Programm. – Eine Modeboutique lädt vor Preissenkungsaktionen ihre Stammkundinnen zu einem Glas Prosecco ein. Am Vorabend der Schnäppchenjagd können sie in aller Ruhe die preisreduzierte Ware in Augenschein nehmen und sich die besten Stücke sichern. – Ein Autohaus veranstaltet 2× jährlich Offroad-Parcours für die Geländewagenfahrer unter seinen Kunden. Dabei können auch Interessenten teilnehmen und mit Vorführwagen die ersten Offroad-Versuche abseits vom Asphalt erfahren.

Altkunde trifft Neukunde

Bringen Sie zufriedene Kunden mit noch unentschlossenen potentiellen Kunden so oft und so eng zusammen wie es nur geht. Die Gespräche werden ganz zwanglos auf das gemeinsame Thema kommen: Ihr Geschäft, Ihre Produkte, Ihr Service. Wie war das, als Sie damals das gekauft haben? Sind Sie heute noch zufrieden?

Ein Küchenmöbelstudio veranstaltet Kochabende. Zu diesen werden bestehende Kunden und Neukunden, die sich noch nicht zum Kauf entschlossen haben, gemeinsam eingeladen. Nicht viele – gerade mal 16 Personen. Der Erfolg der Aktion ist für die Inhaber sensationell. Beinahe alle der potentiellen Neukunden werden nach einem solchen Abend tatsächlich als Kunden gewonnen. Die Vorbereitung und Durchführung eines Kochabends kostet zwar eine Menge Zeit, aber der Aufwand lohnt sich. Es geht um Einbauküchen ab 20.000 Euro. – Eine Werbeagentur lädt zu ihrem Sommerfest sowohl Kunden als auch Neukontakte ein. Im Vordergrund stehen gemeinsame Aktivitäten, zwanglos. Die guten Gespräche entwickeln sich mal bei der Apfelernte, mal beim Grillen oder im Frühjahr beim Spargel stechen. – Ein Unternehmensberater veranstaltet regelmäßig Vorträge in seinen Geschäftsräumen. Auch hier setzen sich die Anwesenden aus potentiellen Kunden und bereits bestehenden Kunden zusammen.

Guerilla-Marketing, was ist das?

Eines der meistbenutzten Marketingschlagwörter der letzten Jahre ist der Begriff Guerilla-Marketing. Einige Bücher sind zu diesem Thema erschienen. Zahlreiche Agenturen bezeichnen sich als Spezialisten auf diesem Gebiet. Aber die Experten sind sich bei der Definition des Begriffs nicht einig. Ist für die einen Guerilla-Marketing eher die Durchführung von höchst wirksamen Werbeaktionen – die nichts kosten, außer den Einsatz von Zeit und Ideen – so meinen die anderen mit Guerilla-Aktionen ungewöhnliche, ja spektakuläre Ereignisse, die binnen kurzem einen gewaltigen Medienrummel und jede Menge Mund-zu-Mund-Propaganda entfachen. Klingt beides interessant, oder?

Beispiel 1: Auftauchen, verwirren, aufklären – Guerilla macht Spaß: 22. Juni 1990, 8.00 Uhr. Aus dem grau-verhangenen Himmel taucht ein Helikopter der Air Glacier über der Stadt Luzern auf, der eine seltsame Fracht trägt. An einem Stahlseil hängen ein großes Paket und ein Mann in einem orangefarbenen Overall. Das ratternde Flugzeug bleibt direkt über dem Wasserturm stehen, während der ebenfalls an einem Seil befestigte Mann das Paket auf dem Dach des Turms befestigt. Aus dem Stoffknäuel wird ein Knoten, ein Halsband und – nach einer kurzen Unterbrechung – eine riesige gelb-grüne Krawatte, die der unbekannte Herr dem ehrwürdigen Luzerner Wahrzeichen umhängt. Zwei Taucher verankern anschließend den Krawattenschwanz auf dem Flussboden, der Helikopter fliegt davon und – vorbei ist der Spuk. Unterdessen starren Hunderte von Touristen, Passanten und Berufstätige mit großer Verwunderung zum krawattenbekränzten Wasserturm. Ihre meistgestellte Frage: „Was soll das?" können offensichtlich auch die aufgestellten Tafeln nicht vollumfänglich beantworten. Denn auf den grauen Metallschildern erfährt man zwar, dass sich das Stoffwerk „Torre Tellini op. 173" nennt und vom amerikanischen Künstler mit dem Namen Ben E. del Weiss stammt, doch dies sind vorerst die einzigen Auskünfte. „Es ist doch blöd, dass man nicht mehr weiß", meint eine Hausfrau, die den Farbtupfer am Turm eigentlich gar nicht so schlecht findet. Ein älterer Mann will dagegen gar nichts von der ungewöhnlichen Krawatte wissen: „Das ist eine Verschandelung unseres Wahrzeichens", poltert er. Inmitten der gespaltenen Meinungen bleibt aber immer noch die Frage ungeklärt: Wer und wo ist Ben E. del Weiss? Was will er mit dieser Aktion?

Samstag, 23. Juni 1990, 11.15 Uhr. Nach einer ausführlichen Zeitungslektüre weiß man mehr. Denn die Innerschweizer Lokalpresse berichtet ausführlich über dieses Rätsel. Das „Luzerner Tagblatt" beispielsweise glaubt zu wissen, dass die tomatenbefleckte Turmkrawatte eine weitere PR-Aktion des Luzerner Verkehrsdirektors darstelle, aus dessen Phantasie auch der Künstler „Benny" del Weiss entsprungen sei. Auf eine heiße Spur scheinen die „Luzerner Neuste Nachrichten" gestoßen zu sein. Das Ringier-Blatt enthüllt, dass die Aktion und der Helikopter von Bennys „Bekannten aus Zürich" organisiert wurden. Außergewöhnlich informiert gibt sich das „Vaterland". In der Glossen-Rubrik „Chatze-Strecker" kolportiert der ironische Schreiber, dass sich ob dem „Riesenrummel um den künstlerisch gekünstelten Gag" neben Illi auch die Zürcher Werbeagentur Frank Baumann gefreut hätte. Dennoch scheint man sich in der Zeitungsredaktion nicht einig zu sein, wer nun eigentlich der Urheber der krawattösen „Morgengabe" ist. In der gleichen Ausgabe wird nämlich in der Bildlegende eines weiteren Wasserturm-Fotos wie bei den Konkurrenztiteln der „amerikanische Aktionskünstler" del Weiss als Initiant genannt. Und sogar in der ehrwürdigen Tagesschau des Schweizer Fernsehens findet das Luzerner Ereignis gnädigen Einlass. Der Beitrag weiß allerdings auch nicht mehr, als dass die Aktions-Initiantin eine „Zürcher Werbeagentur" sein soll.

Sonntag, 24.Juni 1990, 13.10 Uhr. Das Geheimnis der Wasserturm-Krawatte wird definitiv gelüftet: Das getupfte Werk aus Heißluftballon-Stoff sei eine Aktion der Agentur Edelweiss und nach Entwürfen von Frank Baumanns Partner Ernst Meier in Kalifornien hergestellt worden, berichten die „Sonntags-Zeitung" und der Radiosender DRS3. Dass diese beiden Medien den wahren Hintergrund kennen, ist kein Zufall: Ex-Radiomann Frank Baumann hatte die speziell auserkorenen „Primeur"-Lieferanten schon während der Aktion exakt „gebrieft" – ebenso die „Schweizer Illustrierte", die die Geschichte ebenfalls „exklusiv" übernehmen durfte. Der Umgang mit den Medien war in erster Linie ein bewusst eingesetztes Mittel, um den beabsichtigten Dialog dieser Aktion zu verlängern. (Auszug aus einem Artikel von Marc Baumann, Redaktor „Persönlich".)

Beispiel 2: In einer süddeutschen Kleinstadt gastiert der ZDF Musikantenstadl mit Karl Moik. Die Presse machte das Stattfinden der Fernsehgala in den Messehallen der Stadt zu einem Ereignis, das wochenlang Aufsehen erregte. Das Konzert war bereits Wochen vorher so gut wie ausverkauft. Eine Bäckerei, die in der Stadt mehrere Filialen unterhält, profitierte von diesem Ereignis auf ungewöhnliche Weise. Der Moderator Karl Moik wurde zu einer Autogrammstunde in die Bäckerei eingeladen. Die Bäckerei schuf eigens zu diesem Anlass ein so genanntes „Stadl-Brot". Beim Konzert selbst fuhren die Bäcker mit Fahrrädern und Leiterwagen auf die Bühne und präsentierten die Neuheit „Stadl-Brot". In der Pause wurde das Stadl-Brot an die Konzertbesucher verkauft. Die ungewöhnliche Aktion verbreitete sich nicht nur über die Tagespresse, sondern war tatsächlich Stadtgespräch in der ansonsten ereignisarmen Kleinstadt.

Beispiel 3: Ein Hotelier lässt seine Hotelzimmer in unregelmäßigen Abständen von Künstlern „zweckentfremden". Mal werden die Wände in den Zimmern mit wechselnden Kunstwerken geschmückt. Mal wird ein einzelnes Zimmer für eine Kunstaktion genutzt. Besucher können dann an bestimmten Terminen eine Kunstperformance erleben. Die Aktionen erhöhen den Bekanntheitsgrad des Hauses und sichern regelmäßige Presseauftritte. Besonders ungewöhnliche Kunstaktionen locken dabei zahlreiche Besucher an.

Virales Marketing oder Maus-zu-Maus-Propaganda

Seitdem es das Internet gibt, wurde aus der guten alten Mund-zu-Mund-Propaganda die noch effektivere Maus-zu-Maus-Propaganda: denn viele Menschen nutzen die E-Mail, um mit einem Klick Neuigkeiten, Linktipps etc. weiterzuverbreiten. Nachrichten verbreiten sich so über das Internet viel schneller als über andere Kommunikationswege. Einer steckt den anderen an und irgendwann sind Hunderttausende oder Millionen infiziert. Weil das Ganze in seiner Ausbreitungsart und Geschwindigkeit an Grippeepidemien erinnert, hat man dafür den Begriff „virales Marketing" erfunden.

Immer wieder tauchen im Internet Seiten auf, die binnen weniger Tage massenhaft Surfer anziehen. Denken Sie nur an das Frühjahr 2000. An den Börsen tobte das Aktienfieber und im Internet hatte die Mohrhuhnjagd Millionen befallen. Die Bildzeitung sprach von einer Volksseuche, seriöse Blätter beklagten den volkswirtschaftlichen Schaden durch Ballerei am Arbeitsplatz. Ein Virus, der anfänglich per E-Mail startete und dann von den Medien und vor allem begeisterten Spielern weiterverbreitet wurde.

Wie man es schafft, seine Botschaft massenhaft zu verbreiten

Einfache Werbebotschaften haben nicht das Zeug dazu sich massenhaft zu verbreiten. Es müssen schon außergewöhnliche Ideen sein, die dem Anwender einen großen Nutzen versprechen. Interessante unwiderstehliche Inhalte sind zum Beispiel:

• Gewinnspiele und Preisausschreiben
• Besondere Preisaktionen

- Online-Spiele
- Movies
- Musik
- Grußbotschaften

Virusträger für kleine Budgets

Mal ehrlich: Werden Sie es schaffen, mit geringem Aufwand ein Online-Spiel wie Moorhuhnjagd produzieren zu können? Schaffen Sie es, witzige Flashfilme oder aufwendige Spots zu erstellen? Wohl kaum. In den wenigsten Fällen wird es bei Ihnen darauf ankommen ein Millionenpublikum zu erreichen, sondern Sie können die Tricks der Großen nutzen, um für Ihr Business ähnliche Effekte zu erzielen. Das Hauptmerkmal viraler Kampagnen ist, dass der Empfänger Ihre Werbebotschaft selbst weiterverbreitet. Und er hat auch noch Spaß dabei.

Die beste Idee nützt nichts, wenn Sie nicht auf die richtigen Verbreiter dieser Botschaft setzen: die Multiplikatoren. Bereits im Kapitel über die Zielgruppen Ihres Unternehmens, haben wir sie kennen gelernt. Es sind Personen oder Institutionen, die auch auf klassischen Wegen helfen, Botschaften über Ihr Unternehmen weiterzutragen. Multiplikatoren könnten beispielsweise sein:

- Geschäftspartner
- Freunde und Familie
- Fachleute
- Meinungsbildner
- Szenegänger
- Insider
- Weblogger
- Journalisten

Wenn Sie eine solche Kampagne planen, müssen Sie also gut überlegen, wer Ihnen dabei helfen kann, Ihre Information als erster zu verbreiten. Vielleicht sind das 10 oder 100 Menschen. Sie alle kennen genügend andere Leute und sind kommunikativ genug, ihr Wissen weiterzugeben. Und 100 aktive Multiplikatoren schaffen ihrerseits wieder 100 neue Kontakte. Wenn es einmal so weit ist, ist der Virus bereits unterwegs.

Virusverdächtige Ideen im Business-to-Business-Bereich

Ein Ballerspiel wird Ihnen als Unternehmensberater nicht viel nützen, um an die richtige Zielgruppe zu gelangen. Denn im gesamten Bereich, in dem Unternehmen miteinander kommunizieren (Marketingleute nennen ihn den „Business-to-Business-Bereich), sind die Interessen rein geschäftlicher Natur.

Hier werden Informationen beachtet und weitergeleitet, die nützliche Tipps für den Empfänger, seine Kollegen oder Freunde in anderen Unternehmen enthalten. Dies könnten beispielsweise kostenlose Tests, Tipps, Checklisten oder Gewinnspiele sein.

Sie kennen vielleicht die Gehalts-Checks der Wirtschaftsmagazine. Frage: Verdienen Sie eigentlich genug? Oder: Welche Krankenversicherung ist die beste? Bereiten Sie solche Tipps auch für Ihre Geschäftspartner vor, etwa:

• Ist Ihr Netzwerk virensicher?
• 12 Tipps für Ihren Außendienst!
• Kostenloser Check für Ihre Homepage!
• Leitfaden für Ihre Messevorbereitung!

Die Firma Alpenland stellte auf ihrer Webseite einen kostenlosen Urlaubsplaner zur Verfügung. Das Softwaretool verschafft Arbeitnehmern mehr Urlaub, indem es Brückentage und Feiertage für eine optimale Urlaubsplanung heranzieht. Zahlreiche Medien griffen das Thema auf und die Zugriffszahlen auf die Homepage schnellten in die Höhe.

Die Werbeagentur <screenshot> stellte im Jahr 2000 unter der Internetadresse http://www.sloganizer.de eine kleine Anwendung vor, die es durch Eingabe von Substantiv, Verb und Adjektiv ermöglichte, einen softwaregesteuerten Slogan zu produzieren. Der zu Grunde gelegte Algorithmus baute aus den eingegebenen Slogans jede Menge Sätze, die sprachlich korrekt waren, wie Werbeslogans klangen, aber völlig sinnfrei waren. Der „Sloganizer" wurde das Spaßwerkzeug in der Szene, fand Eingang in Internetmedien, Publikumspresse und Wirtschaftsmedien und produzierte jährlich 1,5 Millionen Werbeslogans. Durch einen Link von dieser Sloganizer-Seite konnten die Anwender Hintergründe über die Macher der Seite erfahren.

Zielsetzungen für virales Marketing

Mit viralem Marketing können Sie so ziemlich alles erreichen, was Sie mit klassischen Werbemethoden auch erreichen, also zum Beispiel:

* Erhöhung des Bekanntheitsgrades
* Beitrag zum Markenimage
* Erhöhung des Website-Traffics
* Steigerung der Abverkäufe
* Aufbau von Adressdatenbanken

Nur: Mit dieser Maus-zu-Maus-Propaganda kann alles viel schneller gehen und ein weitaus größeres Publikum erreicht werden.

Die Nachteile von viralem Marketing

Sobald Sie den Virus losgelassen haben, haben Sie ihn nicht mehr unter Kontrolle. Ob er am Ende 100 Leute oder 100.000 infiziert, ist so schwer vorherzusagen wie die Zahlen der nächsten Lottoziehung. Und dies ist das Kernproblem: Bei viralem Marketing kennen Sie weder die Wirkung, noch die Reichweite. Wer gerne mit Planzahlen hantiert und wissen will wie viele Menschen seine Werbebotschaft erreichen wird, der bucht Anzeigen oder versendet Direct Mailings. Das ist berechenbarer als: „Wir haben heute einen Virus losgelassen, mal sehen, was er erreicht."

Aber wer Werbung machen will, die ankommt, auffällt und Sympathien weckt, der muss auch mal etwas ausprobieren. Oder wie ein bekannter Werbetexter einmal sagte: „Regeln in der Werbung sind Krücken, auf denen sich kreativ Lahme fortbewegen." Der Gesunde wirft sie fort und lernt frei zu gehen. Bitte bleiben Sie gesund!

Literaturhinweise

Aberle, Siegfried/Baumert, Andreas; Öffentlichkeitsarbeit. Ein Ratgeber für Klein- und Mittelunternehmen; Beck-Wirtschaftsberater im dtv 50857

Artdirectors Club für Deutschland, Jahrbuch 2001, Schmidt, Mainz

Blisset, Luther/Brünzels, Sonja; Handbuch der Kommunikationsguerilla, Assoziation

Bruhn, Manfred; Marketing. Grundlagen für Studium und Praxis, Gabler Verlag

Gladwell, Malcolm; Der Tipping Point. Wie kleine Dinge Großes bewirken können. Goldmann

Langner, Sascha; Virales Marketing. Was Google, GMX und Napster erfolgreich macht. Businessvillage

Levinson, Jay Conrad/Godin, Seth; Das Guerilla Marketing Handbuch. Werbung und Verkauf von A bis Z. Heyne

Nöllke, Matthias; Kreativitätstechniken. Sts Standard

Pauli, Knut S.; Leitfaden für die Pressearbeit. Anregungen, Beispiele, Checklisten. Beck-Wirtschaftsberater im dtv 5868

Röthlingshöfer, Bernd; Marketeasing. Werbung total anders, Erich Schmidt

Röthlingshöfer, Bernd; Mundpropaganda-Marketing. Was Unternehmen wirklich erfolgreich macht, Beck-Wirtschaftsberater im dtv 50914

Schlossbauer, Stefanie; Handbuch der Außenwerbung, Verlag MD Medien Dienste

Schwarz, Manfred/Wulfestieg, Jürgen; Die Sehnsucht nach dem Meer wecken. Marketing-Basics für Praktiker. Eichborn

Wehleit, Kolja; Leitfaden Ambient Media. Businessvillage

Whitaker, Andrew; Viral Marketing in a Week, Hodder Arnold H&S

Wirth, Thomas; Missing Links. Über gutes Webdesign. Hanser Fachbuch

Sachverzeichnis